訳

관광안내의 실제 ···

# 관광일본어통역회화

최 기 종 지음

백산출판사

# 머 리 말

日本과 우리나라와의 관계를 말할 때 '가깝고도 먼 나라'라는 표현을 한다.

지리적 · 역사적으로 접촉이 빈번한 나라, 그러나 우리의 의식에서는 가장 멀게 느껴지는 나라, 그것이 일본에 대한 자리매김이다.

그 日本의 관광객이 날로 늘어나고 있다.

日本 관광객을 맞는 관광업계와 일선 통역업무를 맡고 있는 사람들의 자세가 보다 중요한 시점이다.

우리의 자연, 역사, 문화, 오늘을 보고 느끼러 오는 일본인 관광객들에게 '우리의 것'을 굴절없이 보여줄 수 있는 것, 그것은 그들과 일선 현장에서 직접 부딪히는 관광업계 종사자들의 정확한 의사 전달로부터 시작된다고 해도 좋을 것이다.

본 교재는 우리나라를 찾는 일본인 관광객들과 제일 먼저 마주치는 공항에서 있을 수 있는 여러 가지 상황에서 시작하여 호텔, 레스토랑, 쇼핑, 주요 관광지 등 일선 현장, 그리고 출국 때까지 예상가능한 상황을 설정하여 전문가들의 충실한 자문에 의해 만들었음을 밝힌다.

아울러 일본어 문장의 한국식 표현을 지양하기 위해 도쿄(東京)현지에서 전문가들과 깊이 있는 토론이 있었음도 덧붙인다.

우리나라 지명이나 인물, 역사적 사실 등에 관해서는 우리나라 발음을 최대한 살려 녹음 · 편집 · 제작했음을 자랑하고 싶다.

본 교재가 관광관련 학과 학생들, 일선에서 우리나라, 우리것을 알리기 위해 노력하고 있는 통역안내 종사자들에게 좋은 길잡이가 되기를 소망하는 바이다.

졸저가 하나의 묶음이 될 수 있었던 것은 日本 'Pacific Video Product'社 이토 다카시(伊藤尭) 사장님의 우리나라에 대한 따뜻한 우정 덕분이다.

야마다 히도(山田仁)씨, 기획제작부의 여러분들, 우리말 발음하느라 비지땀을 흘렸다며 녹음할 때의 즐거운(?) 경험을 얘깃거리로 남기고 싶다던 다레키 쓰토무(垂木勉)씨와 요코다 히로미(横田ひろみ)씨에게도 개인적으로 빚졌다는 느낌을 숨기지 않는다. 백산출판사 진욱상 사장님께는 졸저의 출간 때마다 느끼는 고마움이 더욱 각별하다.

**저 자 씀**

# 目 次

## 3. レストラン(레스토랑)



## 4. 買物(쇼핑)

## 7. 出国(출국)

## 8. 観光関係基礎用語(관광관계기초용어)

# 1

# 入国

1-1　空港にて

1-2　金浦空港からホテルまで

## 1–1　空港にて

〔例1　ミーティングサービス〕 G: Guide<br>TC: Tour conductor

G：：失礼ですが，日本視察団の山下さんじゃないでしょうか。

TC：はい，そうですが。ABC旅行社の方ですか。

G　：さようでございます。ABCツアーの金美玉です。山下さん，こんにちは。

TC：こんにちは。金さん，どうぞよろしく。

G　：こちらこそどうぞよろしく。山下さん，ソウルへようこそ。

TC：どうもありがとう。

G　：人数のご変更はございませんでしょうか。

TC：はい。私を入れて37名です。

G　：はい，わかりました。それではバスにご案内いたします。どうぞこちらへ。

*　　　*

① いらっしゃいませ。

② よくいらっしゃいました。

③ 遠いところ大変お疲れでしょう。

# 1−1 공항에서

### 〔예 1 미팅 서비스(meeting service)〕

G : 실례합니다만, 일본 시찰단의 야마시타씨 아니십니까?

TC : 네, 그렇습니다만. ABC여행사 분이십니까?

G : 그렇습니다. ABC여행사의 김미옥입니다. 야마시타씨 안녕하세요.

TC : 안녕하세요. 김(미옥)씨, 잘 부탁합니다.

G : 저야말로 잘 부탁합니다. 야마시타씨, 서울에 오신 것을 환영합니다.

TC : 감사합니다.

G : 인원수의 변경은 없으신가요?

TC : 네. 저를 포함해서 37명입니다.

G : 네, 알았습니다. 그러면 버스(bus)로 안내해 드리겠습니다. 이쪽으로 오십시오.

* * *

① 어서 오십시오.

② 잘 오셨습니다.

③ 먼 길 오시느라 대단히 피곤하시지요.

④ はじめまして。(初めてお目にかかります)

⑤ 私は金と申します。どうぞよろしく。

⑥ お会い出来てうれしいです。

⑦ 名刺をどうぞ。これは私の名刺です。

### 〔例2　お荷物のピックアップ〕

① お客様のお荷物はどちらでございますか。

② お荷物はこちらで全部でございますか。

③ お荷物はおいくつでございますか。

④ お荷物をお持ちいたしましょうか。

⑤ 貴重品やこわれものはございませんでしょうか。

### 단 어 풀 이

P. 20

① ミーティングサービス (meeting service) 出迎.
② ツアー(tour) 관광.
③ にんずう(人数)　〈名〉 사람의 수.
④ へんこう(変更) 〈名〉 변경.
⑤ いれる(入れる) 〈他 下1〉 넣다, 안에 포함시키다.
⑥ とおい(遠い) 〈形〉 거리가 멀다.
⑦ たいへん(大変) 〈副〉 대단히, 매우.
⑧ つかれる(疲れる) 〈自下1〉 지치다, 피로하다.

④ 처음 뵙겠습니다.

⑤ 저는 金이라고 합니다. 잘 부탁합니다.

⑥ 만나뵙게 되어서 반갑습니다.

⑦ 명함을 받으십시오. 이것은 저의 명함입니다.

### 〔예 2 수하물 픽업(pickup)〕

① 손님의 짐은 어느 것입니까?

② 짐은 이것이 전부입니까?

③ 짐은 몇 개입니까?

④ 짐을 들어 드릴까요?

⑤ 귀중품이나 깨지기 쉬운 것은 없으신가요?

P. 22
①あう(会う) 〈自五〉 만나다, 면회하다.
②できる(出来る) 〈自上1〉 완성하다, 가능하다, 해결되다.
③うれしい(嬉しい) 〈形〉 즐겁고 기쁘다.
④めいし(名刺) 〈名〉 명함.
⑤こわれもの(毀れ物) 〈名〉 깨진것, 깨지기 쉬운 것.
⑥もつ(持つ) 〈自〉 가지다, 소유하다.

# 1-2　仁川空港からホテルまで

〔例1　入国のご挨拶〕

- 皆様，こんにちは。ただ今よりご予約のホテルへご出発いたします。お忘れ物のないようにご注意お願いします。
- 韓国から一番近いお隣りの国，日本国の皆様，ようこそおこし下さいました。遠路のところ大変お疲れでしょう。
- 初めてお目にかかります。私はABC旅行社のガイドミス金と申します。どうぞよろしくお願い致します。
- 次はこのバスのドライバー金さんとカメラマン朴さんをご紹介いたします。
- ホテルまでの所要時間は約２時間の予定でございます。ソウル地方のお天気は晴れ，気温は摂氏20度でございます。旅行中ご用がございましたら，ご遠慮なくお申し付け下さいませ。ありがとうございます。

〔例2　バッジと日程表のご説明〕

- さきほどお配り致しましたバッジはお手数でございますが，ぜひお付け下さいますようお願い申し上げます。
- それでは，２泊３日のツアーのご予定を申し上げます。

# 1-2 인천공항에서 호텔까지

### 〔예 1 입국 인사〕

- 여러분 안녕하세요. 지금부터 예약된 호텔(hotel)로 출발하겠습니다. 잊으신 물건이 없도록 주의하시기 바랍니다.
- 한국에서 가장 가까운 이웃나라 일본국(관광객) 여러분, 잘 오셨습니다. 먼 길 오시느라 매우 피곤하시지요.
- 처음 뵙겠습니다. 저는 ABC여행사의 안내원(guide) 미스(Miss) 金이라고 합니다. 잘 부탁합니다.
- 다음은 이 버스의 기사(driver)이신 金씨와 사진사(cameraman) 朴씨를 소개합니다.
- 호텔까지의 소요시간은 약 2시간 예정입니다. 서울지방의 날씨는 맑으며, 기온은 섭씨 20도입니다. 여행 중 용건이 있으시면, 사양하지 마시고 분부해 주십시오. 감사합니다.

### 〔예 2 배지(badge)와 일정표 설명〕

- 조금 전에 배부해 드린 배지는 번거로우시겠지만, 꼭 달아주시기를 부탁드립니다.
- 그러면, 2박3일 간의 여행(tour) 일정을 말씀드리겠습니다.

- 今日の夕食は7時半のご予定でございますので,6時までにロビー1階のフロントにおそろいくださいませ。お待ちしております。
- 2日目の明日は朝7時にモーニングコールをお入れします。
- 明朝のお食事は1階のコーヒーショップで朝7時半からご利用下さいませ。
- お食事がお済みになりましたら, 9時からはソウル市内観光に参ります。コースは朝鮮王朝時代の宮殿であった景福宮をはじめ, 民俗博物館, 国立中央博物館という順になっております。
- 昼食は12時に市内レストランにてお召し上がり頂きます。
- 午後は朝鮮王朝時代の人々のくらしぶりが一目で見られる民俗村へ向います。
- あとはショッピングと夕食をお楽み下さいませ。
- 3日目のあさっては6時30分にモーニングコールをお入れします。7時からお食事を召し上がていただき, 8時30分からはソウルタワーや梨泰院を観光しながら空港に向います。
- この度の2泊3日の旅がより楽しく, しかもながく思い出に残る実りのある旅になりますよう一生懸命つとめさせていただきます。

ありがとうございました。

- 오늘의 석식은 7시반 예정이오니, 6시까지 로비(lobby) 1층 프런트(front)에 모여주십시오. 기다리고 있겠습니다.

- 이틀째인 내일은 아침 7시에 모닝콜(morning call)을 넣습니다.
- 내일 아침 식사는 1층 커피숍(coffee shop)에서 아침 7시반부터 이용해 주십시오.
- 식사가 끝나면, 9시부터는 서울시내 관광에 들어갑니다.

  코스(course)는 조선왕조 시대의 궁전이었던 경복궁을 비롯하여 민속 박물관, 국립 중앙박물관 순으로 되어 있습니다.

- 점심은 12시에 시내 레스토랑(restaurant)에서 드시게 됩니다.
- 오후는 조선왕조 시대의 생활모습을 한 눈으로 볼 수 있는 민속촌으로 갑니다.
- 그 후는 쇼핑(shopping)과 석식을 즐겨주십시오.
- 사흘째인 모레는 6시 30분에 모닝콜을 넣습니다.

  7시부터 (아침)식사를 드시고, 8시 30분부터는 서울타워(seoul tower)와 이태원을 관광하면서 공항으로 향합니다.
- 이번 2박3일 간의 여행이 보다 즐겁고, 게다가 오랜 추억으로 남을 알찬 여행이 되도록 열심히 일하겠습니다.

감사합니다.

〔例3　通貨と両替〕

- 韓国の通貨の単位は「ウォン」でございます。日本と同じく紙幣とコインがあります。紙幣は1,000ウォン札，5,000ウォン札，10,000ウォン札の３種類ございます。

- コインの場合は1ウォン，５ウオン，10ウォン，50ウォン，100ウォン,500ウォンの6種類ございますが，１ウォン玉と5ウォン玉はあまり使われておりません。
- 次は両替ですが，韓国は変動為替レート制度ですので，その日その日によって為替レートがかわります。
- 本日のレートは 日本円の 100円につき 「ウォン」は だいたい1,000ウォンぐらいでございます。すなわち、1：10のレートでございます。
- 両替はホテルや銀行，空港ロビーの両替窓口などで出来ます。

〔例4　交　通〕

- ソウル市民の交通機関はタクシー，バス，電鉄などがあります。

## 〔예 3 통화와 환전〕

- 한국의 통화단위는 「원」입니다. 일본과 같이 지폐와 동전이 있습니다. 지폐는 천원권, 오천원권, 만원권 3종류 있습니다.

- 동전(coin)의 경우는 일원, 오원, 십원, 오십원, 백원, 오백원짜리의 6종류가 있습니다만, 일원짜리와 오원짜리는 별로 사용하지 않습니다.

- 다음은 환전입니다만, 한국은 변동환율제도이기 때문에 그날그날에 따라 환율시세가 약간씩 달라집니다.

- 오늘의 시세는 일본 엔(円) 100엔당 「원」은 대체로 1,000원 정도입니다. 즉 1 : 10의 시세입니다.
- 환전은 호텔이나 은행, 공항로비의 환전창구 등에서 (환전)할 수 있습니다.

## 〔예 4 교통〕

- 서울 시민의 교통기관은 택시(taxi), 버스(bus), 전철 등이 있습니다.

- タクシーは一般タクシーと　中型タクシーの　2種類ですが、一般タクシーの基本料金は　1,300ウォン、　中型タクシーは3,000ウォンでございます。
- ところが，夜12時から明くる日の４時までは20%の割増し料金になります。

〔例５　貴重品のお預り〕

- 高級なカメラ，時計，ダイヤモンドのゆびわ，パスポートなどはホテルのフロントにお預け下さい。

〔例６　韓国のプロフィール〕

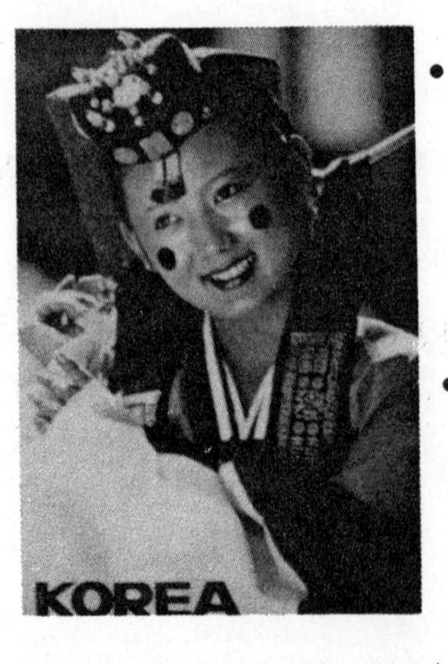


- 韓国は日本にとって昔から最も交流の深い国であったと言えましょう。では，韓国に関する基本的な内容をご紹介いたします。
- 正式の国名は大韓民国，1948年に政府樹立，国連によって韓半島における唯一の合法国家に承認されました。
- 韓国の総人口は約4千700万人で，人口の約４分の１が首都ソウルに集中しております。

• 택시는 일반택시와 중형택시의 2종류인데, 일반택시의 기본요금은 1,300원, 중형택시는 3,000원입니다.

• 그런데, 밤12시부터 이튿날 4시까지는 20%의 할증요금이 붙습니다.

### 〔예 5 귀중품 보관〕

• 고급 사진기(camera), 시계, 다이아몬드(diamond) 반지, 여권(passport) 등은 호텔 프런트(hotel front) 귀중품 보관함에 보관하십시오.

### 〔예 6 한국의 프로필(profile)〕

• 일본에게 있어서 한국은 오래전부터 가장 교류가 빈번한 나라였다고 말할 수 있겠지요. 그러면, 한국에 관한 기본적인 내용을 소개하겠습니다.

• 정식 국명은 대한민국이며, 1948년에 정부수립하여, 국제연합에 의해 한반도에서 유일한 합법국가로 승인되었습니다.

• 한국의 총 인구는 약 4천 700만명으로, 인구의 약 1/5이 수도 서울에 집중되어 있습니다.

- 気候は大陸性気候と海洋性気候のほぼ中間にあり，温帯に属するので日本と同様に四季の変化があざやかです。
- 教育は，アジアにおいては日本と比肩する水準の高い教育が普及しております。教育制度は6･3･3･4制で日本と同じで，義務教育は初等学校(日本の小学校)までですが，遠からず中学まで拡大する予定です。
- 韓国の宗教人はおよそ総人口の42.6%を占めており，その内訳は，仏教46.8%，プロテスタント37.7%，カトリック10%，儒教2.8%，その他となっております。

〔例7　漢　江〕

- ソウルを南北に分けてゆったりと流れる漢江には遊覧船が浮かび，ソウルの新名所となっております。
- 漢江は漢字の「漢」の字に大きな川という意味の「江」の字を書きます。

〔例8　汝矣島〕

- この地区は漢江の中州でして，ソウルのビッグタウン汝矣島でございます。ごらんのように超高層ビルとマンションが立ちならんでおります。

- 기후는 대륙성 기후와 해양성 기후의 거의 중간인 온대에 속하므로 일본처럼 4계절의 변화가 뚜렷합니다.
- 교육면에서, 아시아(Asia)에 있어서는 일본과 견줄만 한 수준의 높은 교육을 보급하고 있습니다. 교육제도는 6.3.3.4제로 일본과 같으며, 의무교육은 초등학교(일본의 소학교)까지 이지만, 머지않아 중학교까지 확대할 예정입니다.
- 한국의 종교인은 대개 총인구의 42.6%를 점하고 있으며, 그 내역은 불교 46.8%, 신교도(Protestant) 37.7%, 카톨릭(Katholiek) 10%, 유교 2.8%, 기타로 되어 있습니다.

〔예 7 한강〕

- 서울을 남북으로 양면하여 유유히 흐르는 한강에는 유람선이 떠다니며, 서울의 새로운 명소로 되었습니다.

- 한강은 한자의 「漢」자에, 큰 강이라는 의미의 「江」자를 씁니다.

〔예 8 여의도〕

- 이 지역은 한강의 모래톱으로 서울의 빅타운(big town) 여의도입니다. 보시는 바와같이 초고층 빌딩(building)과 맨션(mansion)이 즐비합니다.

- 汝矣島はソウルのマンハッタンと呼ばれますように国会議事堂，放送局，韓国の金融の中心地でもございます。
- 皆様，あの超高層ビルをごらんくださいませ。大韓生命保険会社が建てた63階ビルでございます。高さ240メートル，地上60階で，展望台，水族館，科学文化映画館，ショッピングセンターなどがあります。

〔例9　市庁前〕

- ここは市庁前広場でございます。このあたりはビジネス街とも言える所ですし，商社や銀行などの多い小公洞や武橋洞，乙支路入口が隣り合わせになっております。
- あのビルはプラザホテルで，向こうの高いビルがホテルロッテで，右側がチョスンホテルでございます。
- あの時計のあるビルがソウル市庁でございます。東京で言えば，都庁にあたる役所でございます。

- 여의도는 서울의 맨하탄(Manhattan)으로 불리듯이 국회의사당, 방송국, 한국 금융의 중심지이기도 합니다.
- 여러분, 저 초고층 빌딩(building)을 보십시오. 대한생명 보험회사가 세운 63층 빌딩입니다. 높이 240m, 지상 60층으로, 전망대, 수족관, 과학문화 영화관, 쇼핑센터(shopping center) 등이 있습니다.

〔예 9 시청앞〕

- 여기는 시청 앞 광장입니다. 이 부근은 비즈니스(business)가(街)라고도 할 수 있는 곳이며, 회사, 은행 등이 많은 소공동, 무교동, 을지로 입구가 이웃하고 있습니다.

- 저 빌딩은 프라자호텔(Plaza Hotel)이고, 저쪽 높은 빌딩이 호텔롯데(Hotel Lotte), 우측이 조선호텔(Chosun Hotel)입니다.

- 저기 시계가 붙은 빌딩이 서울 시청입니다. 도쿄로 말하면, 도청에 해당하는 관청입니다.

## 단 어 풀 이

P. 24
① ホテル(hotel) 호텔.
② ただいま(只今)〈名〉 지금, 현재 〈副〉 지금 곧, 바로.
③ より 〈格助〉 ～보다, ～부터, ～에서.
④ いたす(致す)〈他5〉 하다,「する」의 겸사말
⑤ わすれもの(忘れ物) 유실물.
⑥ となり(隣) 옆, 이웃.
⑦ ようこそ 〈副〉 잘.
⑧ おこし(御越し) 행차하심, 왕림하심,「行くこと」「来ること」의 높임말 ＝おいで
⑨ えんろ(遠路) 원로, 먼 길.
⑩ たいへん(大変) 〈名〉 대사, 큰 일. 〈副〉 매우, 대단히.
⑪ ガイド(guide) 가이드, 안내, 안내자.
⑫ もうす(申す)〈他 5〉 말씀드리다, 말하다, 하다.
⑬ どうぞ 〈副〉 (부탁하는 뜻으로) 아무쪼록, 부디, 어서, (희망하는 뜻으로) 어떻게든 허가, 승낙의 뜻으로) 좋습니다, 그렇게 하십시오.
⑭ はれる(晴れる)〈自下1〉 (하늘이) 개다. (마음이) 상쾌해지다.
⑮ よう(用) 일, 용건, 소용.
⑯ えんりょ(遠慮) 삼감, 사양함.
⑰ もうしつける(申し付ける)〈他下1〉 분부하다, 명령하다.
⑱ バッジ(badge) 배지, 휘장.
⑲ さきほど(先程) 아까, 조금 전.
⑳ くばる(配る)〈他5〉 나누어 주다, 배포하다, 배치하다.
㉑ てすう(手数) 수고, 품.
㉒ つける(付ける)〈他下〉 붙이다, 바르다.
㉓ もうしあげる(申し上げる)〈他下1〉 말씀드리다, ～합니다.
㉔ ツアー(tour) 투어, 관광.

P. 26
① ロビー(lobby) 로비. (호텔 등의 넓은 휴게실)
② フロント(front) 프런트. (호텔의) 접수계.
③ そろい(揃い) (함께) 모임. ＝あつまり
④ モーニングコール(morning call) 모닝콜, 호텔에서 아침에 깨워주는 것.
⑤ いれる(入れる)〈他下1〉 넣다, 집어넣다.
⑥ すむ(済む)〈自5〉 끝나다, 해결되다.
⑦ レストラン(restaurant) 레스토랑. (큰 호텔 따위의) 식당.
⑧ めしあがる(召し上がる)〈他5〉 드시다.「飲む」.「食う」의 높임말.

⑨ くらし(暮らし) 생활, 생계.
⑩ ぶり(振り) 모습, 태도.
⑪ タワー(tower) 타워, 탑.
⑫ しかも(然も) 게다가, 더구나. =その上に
⑬ おもいで(思い出) 추억, 회상.
⑭ のこる(残る) 〈自5〉 남다.
⑮ みのり(実り) 결실, 수확.
⑯ いっしょうけんめい(一生懸命) 〈副·形動〉 열심히.

P. 28
① りょうがえ(両替) 〈名〉 환전.
② コイン(coin) 코인, 주화.
③ ばあい(場合) 경우, 형편.
④ かわせ(為替) 환.
⑤ レート(rate) 레이트, 시세, 환율.

P. 30
① わりまし(割増し) 할증.
② パスポート(passport) 패스포트, 여권.
③ おける(於ける) ~에 있어서의, ~에서의.
④ あずける(預ける) 〈他下1〉 맡기다, 보관하다.

P. 32
① あざやか(鮮やか) 〈形動〉 뚜렷함, 산뜻함.
② おいて(於いて) (곳)에서, (경우)에 있어서.
③ ひけん(比肩) 〈名〉 비견, 필적.
④ とおからず(遠からず) 〈副〉 머지 않아, 곧.
⑤ うちわけ(内訳) 내역, 명세.
⑥ プロテスタント(Protestant) 프로테스탄트, 신교, 신교도.
⑦ カトリック(Katholiek) 카톨릭.
⑧ わける(分ける)〈他下1〉 가르다, 나누다.
⑨ ゆったり 〈副〉 천천히, 느긋하게
⑩ うかぶ(浮ぶ) 〈自5〉 (물에) 뜨다, (공중에) 뜨다, 떠오르다.
⑪ なかす(中州) 강 가운데의 모래톱.
⑫ ビル 빌딩. 「ビルディング(building)」의 준말.
⑬ たちならぶ(立ち並ぶ) 〈自5〉 늘어서다.

P. 34
① よぶ(呼ぶ) 〈他5〉 부르다, 외치다.
② となりあわせる(隣り合わせる) 〈他下1〉 나란히 하다, 이웃하다.
③ やくしょ(役所) 관청.

# 2

# ホテル

# 2–1　ホテルチェックイン

〔例1　ホテルへのご到着〕

• お待たせ致しました。あと5分でホテルへご到着いたします。
• お忘れ物のないようにご注意お願いします。
ありがとうございました。

〔例2　フロントへのご案内〕

① フロントへご案内いたします。
② どうぞこちらへ。
③ こちらのお荷物は全部お客様のでございますか。
④ ベルマンがお荷物をお持ち致しますので，少々お待ち下さい。
⑤ お客様の荷物は柱のところにお置きしておきます。
⑥ 左手の扉からお入り下さい。
⑦ 回転ドアに指をはさまれないようにお気をおつけください。
⑧ すべりますので，お足元にお気をおつけください。

# 2−1 호텔 체크인(hotel check in)

〔예1 호텔 도착〕

• 오래 기다리셨습니다. 5분 뒤에 호텔에 도착합니다.

• 잊으신 물건이 없도록 주의하시기 바랍니다.
감사합니다.

〔예2 프런트(front) 안내〕

① 프런트로 안내해 드리겠습니다.
② 이쪽으로 오십시오.
③ 이쪽 짐은 모두 손님 겁니까?
④ 벨맨(bellman)이 짐을 들어드리니, 잠시 기다려 주십시오.

⑤ 손님의 짐은 기둥 옆에 놓아 두겠습니다.
⑥ 왼쪽 문으로 들어가십시오.
⑦ 회전도어(revolving door)에 손이 끼이지 않도록 조심하십시오.
⑧ 미끄러우니, 발 밑을 조심하십시오.

## 〔例3　一般的なチェックイン〕 G: Guide T: Tourist

G：パスポートをお見せ下さいませ。

T：はい，どうぞ。

G：どのようなお部屋がよろしいでしょうか。

T：ツインの部屋をお願いします。

G：お調べいたしますので，少々お待ち下さいませ。……
お待たせいたしました。25,000円のお部屋と35,000円のお部屋がございますが，いかがいたしましょうか。

T：35,000円の方でお願いします。

G：はい，かしこまりました。では，レジストレーションカードの記入をお願い致します。

T：わかりました。

G：お支払いはどのようになさいますか。

T：現金でします。

G：はい，わかりました。では，お部屋へご案内いたします。
(ベルマンがご案内いたしますので，少々お待ち下さい。)

*　　*　　*

①何泊のご予定でしょうか。

②ツインまたはダブルのどちらがよろしいでしょうか。

### 〔예 3 일반적인 체크인(check in)〕

G : 여권(passport)을 보여주세요.

T : 네, 여기 있습니다.

G : 어떤 방이 좋으신가요?

T : 트윈룸(twin room)을 부탁합니다.

G : 알아보겠으니, 잠시 기다려 주십시오.……

오래 기다리셨습니다. 25,000엔짜리 방과 35,000엔짜리 방이 있는데, 어떻게 하실까요?

T : 35,000엔 쪽으로 부탁합니다.

G : 네, 알겠습니다. 그럼, 숙박 등록카드(registration card) 기입을 부탁합니다.

T : 알았습니다.

G : 지불은 어떤식으로 하시겠습니까?

T : 현금으로 하겠습니다.

G : 네, 알았습니다. 그럼, 방으로 안내해 드리겠습니다.

(벨맨이 안내해 드리니, 잠시 기다려 주십시오)

* * *

① 몇 박(泊) 예정이신가요?

② 트윈(twin) 또는 더블(double) 중 어느 쪽이 좋으신가요?

③ お名前とイニシャルをお願い致します。

④ お名前の綴りを伺えますか。

⑤ 何名様でしょうか。

⑥ いつのお泊りでいらっしゃいますか。

⑦ ご連絡先をお伺いできますでしょうか。

⑧ ご予約を確認させていただきます。

⑨ あいにくダブルのお部屋はふさがっております。

⑩ シングル(ダブル，ツイン，スイート)の部屋をお願いします。

⑪ 宿泊カードの記入をお願い致します。

〔例4　客室についてご希望がある場合〕

G：どのようなお部屋がよろしいでしょうか。

T：ツインの部屋で，山の見える静かな部屋がいいのですが。

G：はい，かしこまりました。

*　　*　　*

① 家族４人で泊まるので，できればコネクティングルームがいいのだけど。

② 見晴しのよい静かな部屋がほしいのですが。

③ 성함과 이니셜(initial)을 부탁합니다.

④ 성함의 철자(spelling)를 알려 주시겠습니까?

⑤ 몇 분이신가요?

⑥ 언제 숙박하실 겁니까?

⑦ 연락처를 알려 주시겠어요?

⑧ 예약을 확인해 보겠습니다.

⑨ 공교롭게도 더블룸은 꽉차 있습니다.

⑩ 싱글(더블, 트윈, 스위트)룸을 부탁합니다.

⑪ 숙박 카드의 기입을 부탁합니다.

**〔예 4　객실에 대하여 요망이 있을 경우〕**

G : 어떤 방이 좋으신가요?

T : 트윈룸으로, 산이 보이는 조용한 방이 좋은데요.

G : 네, 알겠습니다.

*　　　*　　　*

① 가족 4명이 머무르니까, 가능하면 컨넥팅룸(connecting room)이 좋은데요.

② 전망이 좋은 조용한 방을 원하는데요.

## 〔例5　ベッドのサイズ・数などのご説明〕

G：どのようなお部屋がよろしいでしょうか。

T：僕と女房と子供１人なので，できれば一緒の部屋がいいのですが。

G：あいにくこのホテルは３名様用のお部屋はございません。ツインの部屋に予備ベッドをお入れしたのではいかがでしょうか。

T：はい，けっこうです。

*　　　*

T：背が高いので大きめのベッドの部屋がほしいのだけど。

G：はい，かしこまりました。キングサイズのベッドの入ったお部屋をご用意させていただきます。

## 〔例6　ホテルバウチャー持参のお客様〕

G：お支払いはどのようになさいますか。

T：うん，旅行社がこれをくれたけど，これでいいですか。

G：けっこうでございます。ご出発の際に会計でご署名をお願い致します。

### 〔예 5　베드사이즈(bed size) · 수 등의 설명〕

G : 어떤 방이 좋으신가요?

T : 저와 아내와 어린아이 1명이니까, 가능하면 같은 방이면 좋겠는데요.

G : 공교롭게도 이 호텔은 3인용 방은 없습니다.
트윈룸에 예비베드(extra bed)를 넣으면 어떨까요?

T : 네, 좋습니다.

*　　　*　　　*

T : 키가 커서 큰 베드의 방을 원합니다만.

G : 네, 알겠습니다. 킹사이즈 베드(king-size bed)가 들어있는 방을 준비하도록 하겠습니다.

### 〔예 6　호텔바우처(hotel voucher) 지참의 손님〕

G : 지불은 어떤식으로 하시겠습니까?

T : 응, 여행사가 이것을 주었는데, 괜찮겠습니까?

G : 좋습니다. 출발할 때에 회계에서 서명을 부탁드리겠습니다.

T：わかりました。

*　　　*　　　*

① お客様，恐れ入りますが，この券は予約確認書でバウチャーではございません。
② 他に何か(文書)お持ちではございませんか。
③ ここでのお泊りの分はご出発の際にご精算いただきたいのですが。

〔例7　支払い方法の確認〕

G：お支払い方法はどのようになさいますか。
T：クレジットカードでお願いします。
G：はい，承知致しました。では，カードをお預りいたします。
T：なぜ。チェックアウトの時でいいんじゃないの。
G：チェックアウトの時はお客様が集中して大変混雑いたしますので，少しでもお待たせする時間を短かくするために皆様にお願しております。
T：はい，わかりました。どうぞ。

T : 알았습니다.

* * *

① 손님, 죄송합니다만, 이것은 예약확인서로 바우처(voucher)는 아닙니다.

② 그 밖에 다른 문서는 갖고 계시지 않습니까?

③ 여기서의 숙박분은 출발할 때에 정산해 주셨으면 하는데요.

**〔예 7 지불 방법의 확인〕**

G : 지불 방법은 어떤 식으로 하시겠습니까?

T : 크레디트카드(credit card)로 부탁합니다.

G : 네, 알겠습니다. 그러면, 카드를 받겠습니다.

T : 왜요? 체크아웃(check out)할 때 안되겠어요?

G : 체크아웃 때는 손님이 모여들어 대단히 혼잡하므로, 조금이라도 기다리시는 시간을 단축하기 위하여 모든 분께 부탁드리고 있습니다.

T : 네, 알았습니다. 여기 있습니다.

G：ありがとうございます。少々お待ち下さいませ。

〔例8　団体客のチェックイン〕

- 机の上にアルファベッド順にお客様それぞれのお名前で封筒が並んでおりますので，それをお取り下さい。封筒にはお部屋の鍵と明朝の朝食券が入っております。
- 明朝のお食事は1階のコーヒーショップで，朝7時からご利用下さい。ご利用の際はご注文なさる前に食券をウエーターにお渡し下さい。
- お部屋の鍵は自動ロックになっておりますので，お出かけの際は必ず鍵をお持ち下さい。なお，鍵はご出発まで銘々でお持ち下さい。
- お電話はそれぞれのお部屋に直接かけられますので，6を廻してから先方のお部屋番号をお廻し下さい。
- ホテル外へも直接かけられますので，最初に0を廻してからおかけください。
- 非常口のご案内はお部屋のドアの内側に表示してございますので，ご覧下さい。
- 朝食以外のすべての雑費は銘々でお支払いいただきますので，ご出発の際に会計でご精算下さい。ルームキーもその際会計にお渡し下さい。

G : 감사합니다. 잠시 기다려 주십시오.

### 〔예 8 단체 손님의 체크인(check in)〕

- 책상위에 알파벨(alphabet)순으로 손님 각자의 성함으로 봉투가 놓여있으니, 그것을 받아 주십시오. 봉투에는 방 열쇠와 내일 아침 조식권이 들어 있습니다.
- 내일 아침 식사는 1층 커피숍에서, 아침 7시부터 이용해 주십시오. 이용할 때는 주문하시기 전에 식권(coupon)을 웨이터(waiter)에게 건네주십시오.
- 방 열쇠는 자동로크(lock)로 되어 있으니, 외출하실 때는 반드시 열쇠를 소지하십시오. 또한 열쇠는 출발할 때까지 각자가 소지하십시오.
- 전화는 각자의 방에서 직접 걸 수가 있으니, 6을 돌리고 나서 상대방의 방 번호를 돌리십시오.
- 호텔 밖으로도 직접 걸 수가 있으니, 먼저 0을 돌리고 나서 거십시오.
- 비상구 안내는 방문(door) 안쪽에 표시되어 있으니, 보시기 바랍니다.
- 조식 이외의 모든 잡비는 각자 지불이니, 출발할 때에 회계에서 정산해 주십시오. 방 열쇠(room key)도 그때 회계에게 건네 주십시오.

- 皆様のお荷物はベルマンがお部屋までお届けいたします。どうぞごゆっくりお過しください。

## 〔例9　グループリーダーとの打ち合わせ〕　TL : Tour Leader

G：幹事様はどちらでいらっしゃいますか。

TL：僕だけど。

G　：ご滞在中のスケジュール等の確認をさせていただきたいのですが。

TL：どうぞ。

G　：スケジュールのご変更はございませんでしょうか。

TL：はい，ありません。

G　：ご出発は明朝8時30分になっておりますが，ご変更はございませんでしょうか。

TL：8時半ですか。わかりました。

G　：モーニングコールは6時でよろしいでしょうか。

TL：けっこうです。

G　：お荷物は7時半に集めに伺わせますので，お部屋のドアの前にお出し下さい。他に何かございませんでしょうか。

TL：はい，ありません。

G　：それでは，何かご変更がございましたらフロントにお申し付け下さいませ。

• 손님의 짐은 벨맨(bellman)이 방까지 보내드립니다. 아무쪼록 천천히 쉬십시오.

**〔예 9 그룹 리더(group leader)와의 의논〕**

G : 인솔자는 어디에 계십니까?

TL : 전데요.

G : 체재 중에 스케줄(schedule) 등의 확인을 하고 싶은데요.

TL : 그러세요.

G : 스케줄 변경은 없으신가요?

TL : 네, 없습니다.

G : 출발은 내일 아침 8시 30분으로 되어있습니다만, 변경은 없으신가요?

TL : 8시반 이십니까? 알았습니다.

G : 모닝콜(morning call)은 6시로 좋으신가요?

TL : 좋습니다.

G : 짐은 7시반에 가지러 가겠으니 방문 앞에 내 주십시오.
그밖에 궁금하신 점은 없으신가요?

TL : 네, 없습니다.

G : 그러면, 무엇이든지 변동사항이 있으시면 프런트(front)로 분부해 주십시오.

**TL**：はい，わかりました。

＊　＊　＊

① 私供の会社をご利用頂きましてありがとうございます。

② 人数のご変更はございませんでしょうか。

③ まず，どこから見物したらよいでしょうか。

④ 朝ごはんをお召し上がりになってから，いちおうスケジュールをお組みしましょう。

⑤ 何かございましたらご遠慮なくおたずね下さい。

## 단 어 풀 이

P. 40

①ホテルチェックイン(hotel check in) 호텔 체크인, 숙박수속.
②まつ(待つ)〈他5〉 (사람, 때를) 기다리다.
③いたす(致す)〈他5〉 하다, 드리다.「する」의 겸사말.
④ベルマン(bellman) 벨맨, 호텔의 front 부근에 대기하고 있다가 checking을 마친 숙박객의 짐을 들고 객실까지 안내하는 역할을 맡은 호텔의 종업원.
⑤はしら(柱) 기둥.
⑥ところ(所) 곳, 데, 지역.
⑦おく(置く)〈他5〉 두다, 놓다.
⑧ひだりて(左手) 왼쪽, 왼편, 왼손.
⑨とびら(扉) 문.
⑩はいる(入る)〈自5〉 들다, 들어가(오)다.
⑪かいてん(回転)〈名〉 회전.
⑫はさむ(挟む)〈他5〉 끼우다, 끼다.
⑬気をつける 조심하다.
⑭すべる(滑る)〈自5〉 미끄러지다, 미끈거리다.
⑮あしもと(足元·足下) 발밑, 걸음새, 주변.

**TL**：네, 알았습니다.

*　　　*　　　*

① 저희 회사를 이용해 주셔서 감사합니다.

② 인원수의 변경은 없으신가요?

③ 먼저, 어디에서부터 구경하면 좋을까요?

④ 아침 식사를 드시고 나서 일단 스케줄을 짜 봅시다.

⑤ 궁금하신 점이 있으시면 사양하지 마시고 말씀해 주십시오.

P. 42

①ツイン(twin) 트윈, 같은형의 베드가 2개 놓여 있는 객실(twin room)
②しらべる(調べる)〈他下1〉 조사하다, 점검하다, 대조하다, 수색하다, 연구하다.
③いかが(如)〈副〉 어떻게, 어찌.〈形動〉(형편이) 어떠함.
④ レジストレーションカード(registration card) 레지스트레이션 카드, 숙박등록카드.
⑤しはらい(支払い)〈名〉 지불.
⑥なさる(為さる)〈他5〉 하시다.「する」「なす」의 높임말.
⑦ダブル(double) 더블, 2인용 방(double room)

P. 44

①イニシャル(initial) 이니셜, 머리글자.
②つづり(綴り) 철자.
③うかがう(伺う)〈他5〉 듣다,「聞く」의 겸사말, 여쭙다.「問う」의 겸사말, 찾아뵙다.「訪れる」의 겸사말.

④ とまり(泊り)·숙박, 묵음, 숙소.
⑤ れんらくさき(連絡先) 연락처.
⑥ あいにく(生憎) 〈名·副〉 공교롭게.
⑦ ふさがる(塞がる) 〈自5〉 막히다, 차다.
⑧ シングル(single) 싱글, 1인용 방(single room)
⑨ スイート(suite) 스위트, 호텔객실의 종류로 침실 이외에 거실이나 응접실 등 여러가지 방이 달려있는 고급 객실.
⑩ しずか(静か) 〈形動〉 조용함, 고요함.
⑪ とまる(泊る) 〈自5〉 묵다, 숙박하다.
⑫ コネクティングルーム(connecting room) 컨넥팅룸, 연결된 방.
⑬ みはらし(見晴し) 전망.
⑭ ほしい(欲しい) 〈形〉 ～하고 싶다, 갖고 싶다.

P. 46
① ぼく(僕) (남자의 자칭) 나, 대등한 사람이나 손아랫 사람에 대하여 씀.↔君(きみ)
② にょうぼう(女房) 처, 아내＝つま(妻), かない(家内)
③ バウチャー(voucher) 바우처, 여행업자, 항공회사 등이 호텔앞으로 발행하는 숙박대금의 지불을 보증하는 증서.

P. 48
① おそれいる(恐れ入る) 〈自5〉 죄송해하다.
② クレジットカード(credit card) 크레디트 카드, 신용카드.
③ しょうち(承知) 〈名·他〉 앎, 알고 있음.
④ チェックアウト(check out) 체크 아웃, 숙박한 호텔에서 지불을 마치고 출발하는 것.
⑤ アルファベット(alphabet) 알파벳, (로마자의) 알파벳.
⑥ それぞれ(其れ其れ) 〈名·副〉 각자, 각기.

P. 50
① ふうとう(封筒) 봉투.
② ならぶ(並ぶ) 〈自5〉 (줄을) 서다, 나란히서다.
③ とる(取る) 〈他5〉 (손에) 들다, 집다, 잡다.＝つかむ
④ コーヒーショップ(coffee shop) 커피숍, (간단한 식사도 되는) 커피점, 다방.

⑤ウエーター(waiter) 웨이터, 급사.
⑥わたす(渡す)〈他5〉 건네다, 건네주다.
⑦ロック(lock) 록, 자물쇠.
⑧でかける(出掛ける)〈自下1〉 (밖에) 나가다, 가다.
⑨めいめい(銘々)〈名·副〉 각자, 각기, 제각기.
⑩かける(掛ける)〈他下1〉 달다, 걸다, (말 등을) 걸다.
⑪まわす(回す·廻す)〈他5〉 돌리다, 회전시키다.
⑫せんぽう(先方) 상대방, 상대편, 저쪽.
⑬うちがわ(内側) 안쪽. ↔そとがわ(外側)
⑭ごらん(御覧) 보심, 「見ること」의 높임말.
⑮ルームキー(room key) 룸키, 방 열쇠.

P. 52

① とどける(届ける)〈他下1〉 보내다, 배달하다. =おくる
② すごす(過す)〈他5〉 (시간을) 보내다, 지내다.
③ グループリーダー(group leader) 그룹리더, 일종의 Tour Leader임.
④ うちあわせ(打ち合わせ)〈名·他〉 협의, 의논.
⑤ スケジュール(schedule) 스케줄, 일정.
⑥ だす(出す)〈他5〉 내다, 제출하다, 보내다.
⑦ もうしつける(申し付ける)〈他下1〉 분부하다, 명령하다.

## 2-2 お部屋へのご案内

〔例1 エレベーターにて〕

① エレベーターはこちらでございます。
② 右のエレベーターは15階以上専用のエレベーターでございます。
③ お客様のお部屋は21階でございますので，右手のエレベーターをご利用下さい。
④ 上へまいります。(下へまいります)
⑤ レストランへはこちらのエレベーターをご利用下さい。
⑥ お待たせいたしました。21階でございます。
⑦ お部屋は右手になります。どうぞこちらへ。

〔例2 非常口の説明〕

• 一番近くの非常口はこの廊下のつきあたりにございます。緑色のサインで｢出口｣とだけ表示されております。

# 2−2 객실 안내

## 〔예 1 엘리베이터에서(elevator)〕

① 엘리베이터는 이쪽입니다.

② 오른쪽 엘리베이터는 15층 이상 전용 엘리베이터입니다.

③ 손님의 방은 21층이므로, 오른쪽 엘리베이터를 이용해 주십시오.

④ 위로 올라갑니다.(아래로 내려갑니다.)

⑤ 레스토랑은 이쪽 엘리베이터를 이용해 주십시오.

⑥ 오래 기다리셨습니다. 21층입니다.

⑦ 방은 오른쪽입니다. 이쪽으로 오십시오.

## 〔예 2 비상구 설명〕

- 가장 가까운 비상구는 이 복도의 맨 끝쪽에 있습니다.
  녹색싸인(sign)으로 「출구」라고만 표시되어 있습니다.

## 〔例3 客室にて〕

G：こちらのお部屋でございます。……
　お荷物はこちらにお置きしてよろしいでしょうか。

T：どこでもいいから置いて下さい。

G：カーテンをお開けしましょうか。

T：ええ，そうしてください。

G：お部屋の温度はいかがでしょうか。

T：少し暑いな。温度を下げてくれますか。

G：はい，かしこまりました。……
　他にご用はございませんでしょうか。

T：ありません。

G：どうぞごゆっくり。

*

① お部屋へご案内いたします。

② 私についてお出で下さい。

③ エレベーターはこちらでございます。お先にどうぞ。

④ お部屋の鍵を拝見できますか。

〔예 3　객실에서〕

G : 이쪽 방입니다.……

　　짐은 이쪽에 놓아도 좋을까요?

T : 어디라도 좋으니까 놓아 주십시오.

G : 커튼(curtain)을 열까요?

T : 네, 그렇게 해주십시오.

G : 방 온도는 어떠십니까?

T : 조금 덥군요. 온도를 낮추어 주겠습니까?

G : 네, 알겠습니다.……

　　다른 용건은 없으신가요?

T : 없습니다.

G : 그럼, 편히 쉬십시오.

*　　　*　　　*

① 방으로 안내해 드리겠습니다.

② 저를 따라 오십시오.

③ 엘리베이터는 이쪽입니다. 먼저 타십시오.

④ 방 열쇠를 보여 주시겠어요?

⑤ こちらのお部屋でございます。

⑥ お出かけになる時はお部屋の鍵をお持ち下さい。

⑦ 貴重品はフロントへお預け下さい。

⑧ 館内電話はまず8を廻し，次にお部屋番号をお廻し下さい

⑨ 国際電話はお部屋からかけられます。

⑩ 何かございましたら，フロントへご連絡下さい。

## 단 어 풀 이

P. 58

①エレベーター(elevator) 엘리베이터, 승강기.
②いじょう(以上)〈名〉 (기준) 이상.〈接助〉～한 이상.
③まいる(参る)〈自5〉 가다.「行く」의 겸사말, 오다「来る」의 겸사말.
④ろうか(廊下) 낭하, 복도.
⑤つきあたり(突き当り) 막다른 곳.
⑥みどりいろ(緑色) 초록색(녹색).
⑦でぐち(出口) 출구.
⑧ひょうじ(表示)〈名〉 표시.

P. 60

①にもつ(荷物) 짐, 하물.
②おく(置く)〈他5〉두다, 놓다.
③よろしい(宜しい)〈形〉 좋다,「よい」의 공손한 말, 괜찮다.
④あける(開ける)〈他下1〉 열다, 비우다, 넓히다.
⑤おんど(温度) 온도.
⑥いかが(如何)〈副·自〉 어떻게, 어찌.〈形動〉(형편이) 어떠함.
⑦すこし(少し)〈副〉 조금, 좀＝ちょっと.
⑧あつい(暑い)〈形〉 덥다. ↔寒い

⑤ 이쪽 방입니다.

⑥ 외출하실 때는 방 열쇠를 휴대하십시오.

⑦ 귀중품은 프런트(front)에 보관하십시오.

⑧ 관내전화는 먼저 8을 돌리고, 다음에 방 번호를 돌리십시오.

⑨ 국제전화는 방에서 거실 수 있습니다.

⑩ 궁금한 점이 있으시면, 프런트로 연락주십시오.

⑨ さげる(下げる) 〈他下1〉 내리다, 늘어뜨리다, 매달다.
⑩ よう(用) 일, 용건, 소용.
⑪ ゆっくり〈副·自〉 천천히, 느긋하게, 푹.
⑫ つく(付く) 〈自5〉 붙다, 따르다, 수행하다, 매달리다.
⑬ おいで(お出で) 나가심, 가심, 오심, 계심. 「出ること」「行くこと」「来ること」「いること」의 높임말.
⑭ さき(先) 선두, 앞, 먼저, 우선.
⑮ かぎ(鍵) 열쇠.
⑯ はいけん(拝見) 〈名·他〉 (삼가) 봄.
⑰ でかける(出掛ける) 〈自下1〉 나가다, 가다, 떠나다.
⑱ まわす(廻す, 回す) 〈他5〉 돌리다, 회전시키다.

## 2–3　館内案内

### 〔例1　タクシーのご案内〕

① タクシーはそちらのタクシー乗り場からご利用下さい。
② タクシーをお呼び致しましょうか。
③ タクシーに行先を指示致しましょうか。
④ ホテルにお帰りになる時はこのカードを運転手にお見せ下さい。
⑤ このカードをタクシーの運転手にお渡しになれば，その場所へつれていってくれます。

### 〔例2　近くの場所へのご案内〕

① 電話はどこにありますか。
② 公衆電話でございますか。
③ あちらのエレベーター・ホールの裏側にございます。
④ バーへはどう行けばいいですか。
⑤ この廊下をまっすぐにいらっしゃってつきあたりを右に曲がりますと左手にございます。

# 2-3 관내 안내

## 〔예 1 택시(taxi) 안내〕

① 택시는 그쪽의 택시 승차장에서 이용하십시오.

② 택시를 불러 드릴까요?

③ 택시에게 행선지를 말할까요?

④ 호텔로 돌아오실 때는 이 카드(card)를 운전수에게 보여 주십시오.

⑤ 이 카드를 택시 운전수에게 건네면, 그 장소로 모셔다 드립니다.

## 〔예 2 가까운 장소 안내〕

① 전화는 어디에 있습니까?

② 공중전화입니까?

③ 저쪽 엘리베이터홀(elevator hall)의 뒤쪽에 있습니다.

④ 바(bar)에는 어떻게 가면 됩니까?

⑤ 이 복도를 따라 곧바로 가셔서 막다른 곳을 우측으로 돌면 왼쪽에 있습니다.

⑥コーヒーショップはどこにありますか。

⑦新館の１階にございます。

⑧エレベーターで３階へお上がり下さい。

⑨お手洗いはどこにありますか。

⑩お手洗いはあちらでございます。

⑪廊下を真っすぐにお進み下さい。

⑫駅に行く道を教えて下さい。

⑬左に曲がるとすぐです。

⑭この道をまっすぐ行って下さい。

⑮他の人に聞いてみましょう。

⑯私がご案内いたします。

〔例３　緊急時の対応〕

①ホテル内に小さな火事が発生しました。

②どうぞご心配なさらないで下さい。危険はございません。

③どうぞ，落ち着いて下さい。

④私の後に続いて下さい。

⑤非常口はこちらでございます。

⑥エレベーターはご利用にならないで下さい。

⑦エレベーターは作動してありません。

⑧お荷物は置いたままになさって下さい。

⑥ 커피숍(coffee shop)은 어디에 있습니까?

⑦ 신관 1층에 있습니다.

⑧ 엘리베이터로 3층으로 올라가십시오.

⑨ 화장실은 어디에 있습니까?

⑩ 화장실은 저쪽입니다.

⑪ 복도를 따라 똑바로 가십시오.

⑫ 역으로 가는 길을 가르쳐 주십시오.

⑬ 왼쪽으로 돌면 바로 나옵니다.

⑭ 이 길을 곧장 가십시오.

⑮ 다른 사람에게 물어 봅시다.

⑯ 제가 안내해 드리겠습니다.

〔예 3　긴급시의 대응〕

① 호텔 내에 작은 화재가 발생했습니다.

② 걱정하지 마십시오. 위험은 없습니다.

③ 부디, 침착하시기 바랍니다.

④ 저의 뒤를 따라오십시오.

⑤ 비상구는 이쪽입니다.

⑥ 엘리베이터는 이용하지 마십시오.

⑦ 엘리베이터는 작동하지 않습니다.

⑧ 짐은 놓아둔 대로 놔 두십시오.

⑨ホテルから避難して下さい。

⑩煙や有毒ガスをすわないように濡らしたタオルで鼻と口をおふさぎ下さい。

⑪館内の非常放送の指示に従って下さい。

## 단 어 풀 이

P.64

①のりば(乗り場) 승차장.
②よぶ(呼ぶ) 〈他5〉 부르다, 외치다, 초대하다, 모으다.
③ゆきさき(行き先) 행선지, 목적지, 도착지.
④かえる(帰る) 〈自5〉 (본디 있던 곳으로) 돌아오다＝もどる. 돌아가다.
⑤カード(card) 카드. (호텔 약도 및 전화번호 등이 적힌) 카드.
⑥みせる(見せる) 〈他下1〉 보이다, ～인 것처럼 보이다, ～에게 보이다.
⑦わたす(渡す) 〈他5〉 건네다, 건네주다, 걸치다, 수여하다.
⑧つれる(連れる) 〈他下1〉 데리고 가(오)다. 〈自下1〉 따르다.
⑨うらがわ(裏側) 뒤쪽.
⑩ろうか(廊下) 복도. ⑪まっすぐ(真っ直ぐ) 〈「～に」의 꼴로〉 곧장, 곧바로.
⑫つきあたり(突き当り) 충돌, 막다른 곳.
⑬まがる(曲がる) 〈自5〉 구부러지다, 굽어지다. (방향을) 돌다.

⑨ 호텔에서 피난해 주십시오.

⑩ 연기나 유독가스(gas)를 마시지 않도록 젖은 타월(towel)로 코나 입을 막아 주십시오.

⑪ 관내 비상방송 지시에 따라 주십시오.

P. 66

①あがる(上がる) 〈自5〉 오르다, 올라가다↔下がる.
②てあらい(手洗い) 화장실, 손을 씻음.
③すすむ(進む) 〈自5〉 나아가다, 전진하다, 진보하다.
④おしえる(教える) 〈他下1〉 가르치다, 교육하다, 일러주다.
⑤きく(聞く) 〈他5〉 (소리·말을) 듣다, 묻다. ⑥かじ(火事) 화재, 불.
⑦しんぱい(心配) 근심, 걱정. ⑧きけん(危険) 〈名·形動〉 위험.
⑨おちつく(落ち着く) 〈自5〉 자리잡다, 묵다, (마음이) 가라앉다, 침착해지다.
⑩つづく(続く) 〈自5〉 지속되다, 이어지다, 뒤따르다, 연속되다.
⑪まま 그대로, ～대로, ～채. ⑫ひなん(避難) 〈名·自〉 피난.
⑬けむり(煙) 연기.
⑭すう(吸う) 〈他5〉 들이쉬다, 호흡하다, (담배를) 피우다, 들이마시다.
⑮ぬらす(濡らす) 〈他5〉 적시다.
⑯ふさぐ(塞ぐ) 〈他5〉 막다, 닫다, 메우다.
⑰したがう(従う) 〈自5〉 따라가다, 뒤따르다, 따르다.

## 2–4　遺失物のサービス

### 〔例1　滞在中の紛失物〕

T：カメラを無くしてしまったのです。

G：それはそれは，お部屋の方をお調べ致しましょうか。

T：もうすでに調べました。

G：どちら製のカメラでしょうか。

T：ニコンのFEです。

G：色は何色でしょうか。

T：黒です。

G：最初に紛失に気づかれたのはいつごろ，どちらでしょうか。

T：今朝，コーヒーショップで朝食の後です。

G：まずそちらの方を調べてみましょう。

T：そちらにも行って見たのですが，見つかりませんでした。

G：その後，どちらかに寄られましたか。

T：薬局に寄ってからまっすぐ部屋に帰りました。
もし見つからなければ，警察へ届けたいのですが。……

G：かしこまりました。警察へお届けになる時にはお手伝い致します。

T：お願いします。

# 2-4 유실물 서비스

## 〔예 1 체재 중의 분실물〕

T : 카메라(camera)를 잃어 버렸습니다.

G : 저런저런, 방쪽을 찾아 볼까요?

T : 이미 찾아 보았습니다.

G : 어느 제품의 카메라지요?

T : 니콘(Nikon)의 FE입니다.

G : 색은 무슨 색이지요?

T : 흑색입니다.

G : 처음에 잃어 버린 사실을 아신 것은 언제, 어디시죠?

T : 오늘 아침, 아침식사 후에 커피숍(coffee shop)에서 잃어버렸습니다.

G : 먼저 그쪽을 찾아보시지요.

T : 그쪽에도 가보았습니다만, 찾지 못했습니다.

G : 그후, 어디에 들렀습니까?

T : 약국에 들러서 곧장 방으로 돌아왔습니다.

만약 찾지 못한다면, 경찰에 신고하고 싶은데요.……

G : 알겠습니다. 경찰에 신고할 때 도와드리겠습니다.

T : 부탁합니다.

## 〔例2　チェックアウト直後の忘れ物探しのご依頼〕

T：今，チェックアウトしたのですが，部屋にコートを忘れてきてしまったのです。

G：たぶん洋服棚にあると思われますが，お名前とお部屋番号を伺えますか。

T：中村です。部屋は1478号室です。

G：はい，かしこまりました。

### 단 어 풀 이

P. 70

①とりあつかい(取り扱い) 취급, 다름, 대우, 접대.
②なくす(無くす)〈他5〉잃다, 분실하다, 없애다, ＝失う
③すでに(既に)〈副〉벌써, 이전부터, 이미.
④きづかう(気遣う)〈他5〉염려하다, 마음을 쓰다.
⑤まず(先ず)〈副〉우선, 먼저, 첫째로＝さきに
⑥みつかる(見つかる)〈自5〉발견되다, 들키다, 찾게 되다.
⑦よる(寄る)〈自5〉접근하다, 들르다, 모이다, 기대다.
⑧とどける(届ける)〈他下1〉보내다, 신고하다, 배달하다.
⑨てつだい(手伝い) 도움, 도우는 사람.

P. 72

①わすれる(忘れる)〈他下1〉잊다.
②たぶん(多分)〈名〉많음, 과분.〈副〉십중팔구, 아마＝おそらく.

**〔예 2 체크아웃 직후 분실물 찾는 의뢰〕**

T : 방금 체크아웃 했는데, 방에서 코트(coat)를 잊고 왔습니다.

G : 아마 양복장에 있다고 생각되는데, 성함과 방 번호를 알려 주시겠습니까?

T : 나카무라입니다. 방은 1478호실입니다.

G : 네, 알겠습니다.

## 2–5　ルームチェンジと滞在延期ご希望の応対

### 〔例1　ルームチェンジ〕

T：1泊20,000円のツイン・ルーム2泊で，明後日の1泊は50,000円のスイートに予約をしたのですが。

G：はい，かしこまりました。ルームチェンジの際はお荷物を移させて頂きますので，明後日お出かけの時にお荷物をひとまとめにしておいて頂けますでしょうか。

T：わかりました。で，部屋の鍵はどうしますか。

G：お部屋の鍵はフロントにお返し下さい。新しい鍵はお帰りになる時にフロントでお受け取り下さい。

T：そうします。

### 〔例2　滞在延期ご希望の応対〕

T：僕は一週間滞在していて，明日チェックアウトの予定だったのだけど，もうあと2日か3日延ばしたいのです。

G：かしこまりました。お部屋番号とお名前をお願いできますか。

T：2478号室の中村です。

G：少々お待ち下さい。3泊のご延長が可能かどうかをお調

# 2-5 룸 체인지와 체재연기 요망의 응대

## 〔예1 룸 체인지(room change)〕

T : 1박 20,000엔의 트윈룸(twin room) 2박이고, 모레의 1박은 50,000엔의 스위트(suite)로 예약을 했는데요.

G : 네, 알겠습니다. 룸 체인지 할 때는 짐을 옮겨 드릴테니, 모레 나가실 때에 짐을 한곳에 모아 두시겠어요?

T : 알았습니다. 그런데, 방 열쇠는 어떻게 합니까?

G : 방 열쇠는 프런트(front)로 돌려 주십시오. 새 열쇠는 돌아오실 때 프런트에서 받아 가십시오.

T : 그렇게 하지요.

## 〔예2 체재연기 요망의 응대〕

T : 저는 1주일간 체류 중이며, 내일 체크 아웃 예정인데, 앞으로 2~3일 연장하고 싶습니다.

G : 알겠습니다. 방 번호와 성함을 알려 주시겠어요?

T : 2478호실의 나카무라입니다.

G : 잠시 기다려 주십시오. 3박 연장이 가능한지 어떤지를 알아보겠

べいたします。…………………………………………………

お待たせいたしました。あいにく来週まで満室でございます。キャンセルが出るかも知れませんので，明朝8時にもう一度ご連絡いただけませんでしょうか。

T：もしダメそうなら他のホテルをとってほしいのですが。

G：ただ今の時点ではお約束いたしかねますが，もしもお取りできない場合はこの近くにお取りするようにお手伝いさせていただきます。

T：お願いします。

**단 어 풀 이**

P. 74

①みょうごにち(明後日) 모레, ＝あさって
②うつす(移す)〈他5〉 옮기다, 이동하다, 전염시키다.
③ひとまとめ 일괄, 하나로 묶음.
④かえす(返す)〈他5〉 갖다 놓다, 돌려주다, 되돌리다, 반복하다.
⑤のばす(延ばす)〈他5〉 펴다, 늘이다, 신장시키다, 연기하다.

P. 76

①キャンセル(cancel) 캔슬, 해약, 취소.
②みょうちょう(明朝) 명조, 내일 아침.
③かねる(兼ねる)〈他下1〉 겸하다, (동사의 연용형에 붙어서) ～하기 어렵다, ～할 수 없다.
④とる(取る)〈他5〉 들다, 집다, 얻다, 취득하다, (숙소를) 정하다.
⑤てつだい(手伝) 도움, 도우는 사람. 〈他5〉てつだう

습니다. ……………………………………………………………………………

오래 기다리셨습니다. 공교롭게도 내주까지는 만실입니다. 예약 취소(cancel)가 나올지도 모르니까, 내일 아침 8시에 다시 한번 연락해 주시지 않겠어요?

T : 만약 안된다면 다른 호텔을 정하고 싶은데요.

G : 지금의 시점으로는 약속할 수 없습니다만, 만약 예약할 수 없을 경우는 이 근처에 숙박할 수 있도록 도와 드리겠습니다.

T : 부탁합니다.

## 2-6 チェックアウト

〔例1 バゲージダウンの依頼〕 B: Bellman

T：これからチェックアウトしたいのだけれど。

G：かしこまりました。ただ今ベルマンをお呼びいたします。
貴重品や壊れ物はございませんでしょうか。

T：ありません。

……………………………………………………………

B：おはようございます。お荷物をお持ちいたします。

T：どうも。そこのスーツケースを2つお願いします。

B：はい，承知いたしました。こちらがお荷物のお預り証でございます。お荷物はベルキャプテンデスクにおろしておきますので，そちらでお受け取り下さい。

T：わかりました。

B：失礼いたしました。

*　　*　　*

① ご出発は9時ですので，8時30分までにフロントの前にお集り下さい。

② お荷物をまとめておいて頂けますでしょうか。

# 2-6 체크아웃(check out)

## 〔예 1 배기지 다운(baggage down) 의뢰〕

T : 지금부터 체크아웃 하고 싶은데요.

G : 알겠습니다. 지금 벨맨(bellman)을 부르겠습니다.
귀중품이나 깨지기 쉬운 것은 없으신가요?

T : 없습니다.

.................................................................................................

B : 안녕하세요. 짐을 가지러 왔습니다.

T : 감사합니다. 거기 수트케이스(suitcase)를 두 개 부탁합니다.

B : 네, 알겠습니다. 이것이 물품 보관증입니다.
짐은 벨캡틴 데스크(bell captain desk)에 내려 놓을테니, 거기서 받으십시오.

T : 알았습니다.

B : 실례했습니다.

* * *

① 출발은 9시이니까, 8시 30분까지 프런트 앞에 모여주십시오.

② 짐을 정리해 주시겠어요?

③ お荷物にネームカードはついておりますでしょうか。

④ 申し訳ございませんが，ビン類は，こわれるといけませんので，このバッグはお客様ご自身でお持ち頂けませんでしょうか。

⑤ ベルマンがお荷物をお持ちいたしますので，少々お待ち下さい。

⑥ お荷物はこちらにお置きしてよろしいでしょうか。

⑦ お荷物の数は合っておりますでしょうか。

⑧ お荷物はこちらで間違いございませんでしょうか。

〔例2　会計〕

• 宿泊，朝食以外のすべての雑費は銘々でお支払い下さい。
• ルームキーはご出発の際会計にお渡し下さい。

*　　*　　*

① お部屋のカギを頂けますか。

② お支払いはどのようになさいますか。

③ 現金でお支払いになりますか，それともクレジットカードですか。

④ 支払いはこのバウチャーでしたいのですが。

③ 짐에 명찰(name card)은 붙어 있나요?

④ 죄송합니다만, 병은 깨지면 곤란하니까, 이 가방은 손님께서 가지고 가시지 않겠어요?

⑤ 벨맨이 짐을 들어드리니, 잠시 기다려 주십시오.

⑥ 짐은 이쪽에 놓아도 좋으신가요?

⑦ 짐의 수는 맞는가요?

⑧ 짐은 이것이 틀림없으신가요?

〔예 2 회계〕

- 숙박, 조식 이외의 모든 잡비는 각자 지불해 주십시오.
- 방 열쇠(room key)는 출발할 때 회계에게 건네 주십시오.

* * *

① 방 열쇠를 주시겠습니까?

② 지불은 어떤식으로 하시겠습니까?

③ 현금으로 하시겠습니까, 그렇지 않으면 크레디트 카드(credit card)로 하시겠습니까?

④ 지불은 이 바우처(voucher)로 하고 싶은데요.

⑤現金ではなく，クレジットカードで支払いたいのですが。

⑥円でいくらになりますか。

⑦旅行社が全額支払いということで承認いたしました。

⑧朝食以外に何かサービスをお受けになりましたか。

## 단 어 풀 이

P. 78

①チェックアウト(check out) 체크 아웃, 숙박한 호텔에서 지불을 마치고 출발하는 것.
②スーツケース(suitcase) 수트케이스, 여행용 소형가방.
③しょうち(承知)〈名·他〉앎, 알고 있음, 양해. =存知(ぞんじ)
④ベルキャプテンデスク(bell captain desk) 벨캡틴 데스크. ▶벨맨을 지휘, 감독하는 직종.
⑤おろす(降ろす)〈他5〉내리다, 내려 놓다.
⑥あつまる(集る)〈自5〉모이다, 모여들다, 집중하다, 쏠리다.
⑦まとめる〈他下1〉종합하다, 한데 모으다, 정리하다.

P. 80

①つく(付く)〈自5〉붙다, 묻다, 매달리다, 따르다.
②こわす(壊す)〈他5〉부수다, 깨뜨리다, 파괴하다, 고장내다.
③あう(合う)〈自5〉합쳐지다, 만나다, 일치하다, 맞다.
④すべて(凡て·全て)〈副〉모두, 전부,〈名〉전체.
⑤めいめい(銘々)〈名·副〉각자, 각기, 제각기.
⑥バウチャー(voucher) 바우처, 여행업자, 항공회사 등이 호텔앞으로 발행하는 숙박대금 지불을 보증하는 증서.
⑦クレジットカード(credit card) 크레디드 카드, 신용카드.

⑤ 현금은 아니고 크레디트 카드로 지불하고 싶은데요.

⑥ 엔으로 얼마입니까?

⑦ 여행사가 전액 지불한다고 승인했습니다.

⑧ 조식 이외에 다른 서비스(service)를 받으셨습니까?

# 3

# レストラン

3-1　レストランの入口で
3-2　食事サービス
3-3　飲物サービス
3-4　コンプレインーの対応
3-5　営業時間の問い合わせ
3-6　会計

## 3–1　レストランの入口で

### 〔例1　お席へのご案内〕

G：ご希望のお席がございますでしょうか。

T：あのう，あちらの窓のそばの席がいいのですが。

G：承知いたしました。ご案内いたします。こちらへどうぞ。

……………………

椅子をどうぞ。

T：ありがとう。

＊

G：お席へご案内いたします。どうぞこちらへ。……………

こちらでよろしいでしょうか。

T：あのう，あちらの窓のそばではいけませんか，漢江を見たいので。……………………

G：申し訳ございませんが，あいにくあちらは予約席になっております。こちらではいかがでしょうか。

T：はい，けっこうです。

# 3－1 레스토랑(restaurant) 입구에서

〔예1 좌석 안내〕

G : 원하시는 자리가 있으신가요?

T : 저____, 저쪽 창가옆 자리가 좋겠는데요.

G : 알겠습니다. 안내해 드리겠습니다. 이쪽으로 오십시오.

……………………………………………………………………………

의자에 앉으십시오.

T : 감사합니다.

*　　　*　　　*

G : 좌석으로 안내해 드리겠습니다. 이쪽으로 오십시오.……

이쪽이 좋으신가요?

T : 저____, 저쪽 창가 옆은 안됩니까, 한강이 보고 싶어서요.……

G : 죄송합니다만, 공교롭게도 저쪽은 예약석으로 되어 있습니다.

이쪽은 어떠하신가요?

T : 네, 좋습니다.

*　　　*　　　*

① お席(せき)へご案内(あんない)いたします。

② こちらのテーブルはいかがでしょうか。

③ そちらのテーブルはご予約席(よやくせき)でございます。

④ 別(べつ)のテーブルへご案内(あんない)いたします。

⑤ ただいま満席(まんせき)でございますので，5分程(ふんほど)お待(ま)ちいただけますか。

⑥ すぐにご案内(あんない)いたしますので，少々(しょう)お待(ま)ち下(くだ)さい。

**단 어 풀 이**

P. 86

①そば(側) 근처, 옆, 곁.
②ほしい(欲しい) 〈形〉 ~하고 싶다. 갖고 싶다.
③しょうち(承知) 〈名·他〉 앎, 알고 있음, 양해, 승낙.
④いけない 〈形〉 ~해서는 안 된다, 좋지 않다, 안 됐다.

P. 88

①ただいま(只今) 〈名〉 지금, 현재, 〈副〉 지금 곧, 바로.
②まんせき(満席) 자리가 다 참, 만원.
③すぐ(直ぐ) 〈副〉 곧, 당장, 머지않아.

*　　*　　*

① 좌석으로 안내해 드리겠습니다.

② 이쪽 테이블(table)은 어떠신가요?

③ 그쪽 테이블은 예약석입니다.

④ 다른 테이블로 안내해 드리겠습니다.

⑤ 지금은 만석이오니, 5분 정도 기다려 주시겠습니까?

⑥ 곧 안내해 드릴테니, 잠시 기다려 주십시오.

## 3–2　食事サービス

〔例1　オーダーテイク〕

①何になさいますか。

②何をお召し上がりになりますか。

③こちらのお客様は何になさいますか。

④ご注文はそれで全部でございますか。

⑤ご注文はお決まりでいらっしゃいますか。

⑥どのようなお料理がご希望でしょうか。

〔例2　朝食〕

G：おはようございます。お元気ですか。

T：ありがとう，元気です。

G：メニューでございます。どうぞ。

T：ありがとう。…………

G：アメリカ式朝食になさいますか，それとも，コンチネンタル式朝食になさいますか。

T：アメリカ式朝食にします。

G：ジュースは　何になさいますか。

T：パイナップルジュースをください。

# 3−2 식사 서비스(service)

〔예 1 주문(order take)〕

① 무엇으로 하시겠습니까?

② 무엇을 드시겠습니까?

③ 이쪽 손님께서는 무엇으로 하시겠습니까?

④ 주문은 그것이 전부이십니까?

⑤ 주문은 정하셨습니까?

⑥ 어떤 요리를 원하십니까?

〔예 2 조식〕

**G** : 안녕하세요. 건강하십니까?

**T** : 감사합니다, 건강합니다.

**G** : 메뉴(menu)입니다. 자, 보세요.

**T** : 감사합니다.

**G** : 아메리카식 조식(American Breakfast)으로 하시겠어요, 그렇지 않으면, 콘티넨탈식 조식(Continental Breakfast)으로 하시겠어요?

**T** : 아메리카식 조식으로 하겠습니다.

**G** : 주스(juice)는 무엇으로 하시겠습니까?

**T** : 파인애플 주스(pineapple juice)를 주십시오.

G：はい，それから………。

T：トースト，チーズ・オムレツ，バタートースト，卵2つの目玉焼きを両面焼きで，それにハム，コーヒーをください。

G：コーヒーは今お持ちいたしますか。

T：はい，お願いします。

〔例3　ブッフェスタイルの朝食〕

G：おはようございます。
　お席へご案内いたします。どうぞこちらへ。
　…………………………………………………………………
　こちらのお席へどうぞ。お飲物はコーヒーとオレンジジュースがございますが。

T：コーヒーをお願いします。

G：お料理はあちらにございますので，ご自分でお取り下さい。

T：わかりました。

＊　　＊　　＊

① お席はお好みの所にお座り下さい。

G : 네, 그리고

T : 토스트(toast), 치즈 · 오믈렛(cheese · omelet), 버터 토스트 (butter toast), 계란 두 개 에그 프라이(fried eggs)를 오버이지 (over-easy)로, 그리고 햄(ham), 커피(coffee)를 주십시오.

G : 커피는 지금 가져올까요?

T : 네, 부탁합니다.

〔예 3 뷔페스타일(buffet style) 조식〕

G : 안녕하십니까?

좌석으로 안내해 드리겠습니다. 이쪽으로 오십시오.

……………………………………………………………………………………

이쪽 의자에 앉으십시오. 마실 것은 커피와 오렌지 주스(orange juice)가 있습니다만.

T : 커피를 부탁합니다.

G : 요리는 저쪽에 있으니, 직접 갖다 드십시오.

T : 알았습니다.

* * *

① 좌석은 원하시는 곳에 앉으십시오.

② お食事はブッフェになさいますか，和食になさいますか。
③ 朝食券をお持ちでいらっしゃいますか。
④ ご注文なさる前に食券をウェイターにお渡し下さい。
⑤ ご順にご案内いたしますので，並んでお待ち頂けますでしょうか。
⑥ ミルクはあちらのジュースの横にございます。
⑦ お飲物は何になさいますか。
⑧ 卵はいかがいたしましょうか。
⑨ もう少しコーヒーはいかがですか。

〔例4　鉄板焼レストラン〕

G：メニューでございます。
T：うーん，どんな料理があるのですか。
G：こちらはお客様の目の前でお肉やエビ，野採などをお焼きするスタイルのレストランで，コースメニューとアラカルトがございます。
T：コース料理はおいくらですか。
G：一人前6,000円からでございます。
T：じゃあ，コースメニューを三人前お願いします。
G：かしこまりました。コースメニューを三人前でございますね。お飲物は何になさいますか。

② 식사는 뷔페로 하시겠어요. 일식으로 하시겠어요?

③ 조식권을 가지고 계십니까?

④ 주문하시기 전에 식권(coupon)을 웨이터에게 건네주십시오.

⑤ 순서대로 안내해 드릴테니, 줄을 서서 기다려 주시겠어요?

⑥ 우유(milk)는 저쪽 주스(juice) 옆에 있습니다.

⑦ 마실 것은 무엇으로 하시겠습니까?

⑧ 계란은 어떻게 할까요?

⑨ 커피를 좀 더 드시겠어요?

## 〔예 4 철판구이 레스토랑〕

G : 메뉴(menu)입니다.

T : 응—, 어떤 요리가 있습니까?

G : 이 곳은 손님 앞에서 육고기나 새우, 야채 등을 굽는 스타일 레스토랑으로, 코스메뉴(course menu)와 일품요리가(á la carte)가 있습니다.

T : 코스요리는 얼마입니까?

G : 1인분 6,000엔부터입니다.

T : 그럼, 코스메뉴 3인분 부탁합니다.

G : 알겠습니다. 코스메뉴 3인분 이시지요?

마실 것은 무엇으로 하시겠습니까?

T：ビールと日本酒をお願いします。

G：かしこまりました。

*　　　*　　　*

G：お料理は何を召し上がりますか。

T：サーロイン・ステーキをお願いします。

G：ステーキの焼き加減はいかがいたしましょうか。

T：ウェルダンにしてください。

G：かしこまりました。ほかには何か。

T：はい，それから，ゆでたポテトとサラダをお願いします。

G：かしこまりました。デザートは何にいたしましょうか。

T：アップル・パイ，そしてコーヒーをください。

*　　　*　　　*

① カウンター席とテーブル席がございますが，どちらがよろしいでしょうか。

② どのようなお料理がご希望でしょうか。

③ お料理は何を召し上がりますか。

④ お飲物は何にいたしましょうか。

⑤ お肉はどのようにお焼きいたしましょうか。

**T** : 맥주(beer)와 일본 술을 부탁합니다.

**G** : 알겠습니다.

* * *

**G** : 요리는 무엇을 드시겠습니까?

**T** : 설로인 스테이크(sirloin steak)를 부탁합니다.

**G** : 스테이크는 어느 정도로 구울까요?

**T** : 웰던(well-done)으로 해 주십시오.

**G** : 알겠습니다. 그 밖에 다른 것은 없습니까?

**T** : 네, 그리고 삶은 감자(potato)와 샐러드(salad)를 부탁합니다.

**G** : 알겠습니다. 디저트(dessert)는 무엇으로 하시겠습니까?

**T** : 애플파이(apple pie), 그리고 커피를 주십시오.

* * *

① 카운터식 좌석과 테이블식 좌석이 있습니다만, 어느쪽이 좋으신가요?

② 어떤 요리를 원하십니까?

③ 요리는 무엇을 드시겠습니까?

④ 마실 것은 무엇으로 하시겠습니까?

⑤ 고기는 어떻게 구울까요?

⑥ステーキの焼き方はどのようにいたしましょうか。

⑦あとでデザートがまいりますので，どうぞごゆっくり召し上がりください。

⑧デザートは何にいたしましょうか。
果物，アイスクリーム，パイ，ケーキ，コーヒー，紅茶，ジュース，チョコレートなどがございます。

〔例5　韓定食レストラン〕

G：このテーブルでよろしいでしょうか。

T：ええ，どうも。

G：ご注文は何にいたしましょうか。

T：この食堂の自慢料理は何んですか。

G：はい，食欲をそそる韓定食でございます。

T：韓定食にはどんなものがありますか。

G：はい。ブルゴキ(焼肉)，カルビ，ネンミョン(冷麵)，キムチ(白菜のキムチ，きゅうりのキムチ，ボッサムのキムチ)等があります。

T：オーダをもらいましょうか。

⑥ 스테이크(steak)는 어떻게 구어 드릴까요?

⑦ 뒤에 후식이 나오니, 천천히 드십시오.

⑧ 후식(dessert)은 무엇으로 하시겠어요?

과일, 아이스크림(ice cream), 파이(pie), 케이크(cake), 커피(coffee), 홍차, 주스(juice), 초콜릿(chocolate) 등이 있습니다.

### 〔예 5 한정식 레스토랑〕

G : 이 테이블이 좋으신가요?

T : 네, 감사합니다.

G : 주문은 무엇으로 하시겠어요?

T : 이 식당이 자랑하는 요리는 무엇입니까?

G : 네, 식욕을 증진시키는 한정식입니다.

T : 한정식에는 어떤 것이 있습니까?

G : 네, 불고기, 갈비, 냉면, 김치(배추김치, 오이김치, 보쌈김치) 등이 있습니다.

T : 주문(order)을 할까요?

G：はい，かしこまりました。お食事前に何かお飲物でもいかがでしょうか。

T：ビールをください。

G：はい，かしこまりました。

**단 어 풀 이**

P. 90

①なさる(為さる)〈他5〉 하시다.「する」「なす」의 높임말.
②めしあがる(召し上がる)〈他5〉 드시다.「飲む」「食う」의 높임말.
③きまる(決まる)〈自5〉 정해지다, 결정되다.
④アメリカ式朝食(American Breakast) 계란요리를 중심으로 각종의 음식이 다채롭게 제공되는 아침식사. (과일, 주스류, 시리얼, 계란요리, 케이크류, 음료, 빵종류 등)
⑤コンチネンタル式朝食(Continental Breakfast) 유럽에서 성행하고 있는 아침식사 형태로서 계란 등 육류가 서브되지 않고 주스, 빵, 커피 정도로 간단히 먹는 식사.

P. 92

①めだまやき(目玉焼き) 에그 프라이(fried egg), 두개를 가지런히 부친 반숙 계란.
②りょうめんやき(両面焼き) 오버이지(over easy), 계란 부침의 한가지, 한쪽을 약간 부친 것.
③のみもの(飲物) 음료, 마실 것.
④すわる(座る)〈自5〉 앉다, 들어 앉다.

P. 94

①わしょく(和食) 일본 요리.
②ちょうしょくけん(朝食券) 조식권.
③しょっけん(食券) 식권(coupon).
④ならぶ(並ぶ)〈自5〉 (줄을) 서다, 나란히 서다.
⑤てっぱんやき(鉄板焼き) 철판 구이.
⑥アラカルト(à la carte) 아라카르트, 일품요리. ▶음식 및 음료를 한 가지씩 각각 주문하여 식사를 하는 음식의 메뉴.
⑦いちにんまえ(一人前) 일인분, 한 사람분.

**G** : 네, 알겠습니다.. 식사 전에 마실 것은 어떻게 할까요?

**T** : 맥주(beer)를 주십시오.

**G** : 네, 알겠습니다.

P.96
①サーロイン・ステキー(sirloin steak) 설로인 스테이크, 등심구이.
③やき(焼き) 구움, 구운것(정도)
③かげん(加減) ～한 듯함, ～정도에, ～에 알맞음.
④ウェルダン(well-done) 웰던, (고기가) 잘 익은.
⑤ゆでる(茹でる) 〈他下1〉 데치다, 삶다.

# 3–3　飲物(のみもの)サービス

〔例1　コーヒーショップにて〕

G：お飲物(のみもの)のリストでございます。

T：えーと，コーヒーをください。

G：はい，かしこまりました。ほかには何(なに)か。

T：それから，ストロベリー・ショートケーキをお願いします。

G：はい，かしこまりました。ご注文(ちゅうもん)はそれで全部(ぜんぶ)でございますか。

T：はい，そうです。

………………………………………………………………

G：もう少(すこ)しコーヒーはいかがですか。

T：はい，お願いします。

〔例2　バーにて〕

G：何(なに)になさいますか。

T：えーと，スコッチをお願いします。

G：銘柄(めいがら)は何(なに)がよろしいですか。

T：ジョニーウォーカー・ブラックをお願いします。

# 3—3 음료 서비스

**[예1 커피숍(coffee shop)에서]**

G : 음료 리스트(list)입니다.

T : 에, 커피를 주십시오.

G : 네, 알겠습니다. 그밖에 다른 것은요?

T : 그리고, 스트로버리 쇼트케이크(strawberry shortcake)를 부탁합니다.

G : 네, 알겠습니다. 주문은 그것이 전부이십니까?

T : 네, 그렇습니다.

……………………………………………………………………………………

G : 커피를 좀더 드시겠어요?

T : 네, 부탁합니다.

**[예2 바(bar)에서]**

G : 무엇으로 하시겠습니까?

T : 에, 스카치(scotch)를 부탁합니다.

G : 상표는 무엇이 좋으신가요?

T : 조니워커 블랙(Johnnie Walker Black)을 부탁합니다.

G：はい，かしこまりました。ソーダか水でお割しますか。

T：水割りで，氷をたくさん入れてください。それから，ポテトチップをお願いします。

G：はい，かしこまりました。

＊　＊

① お飲物のリストでございます。

② お品書きでございます。

③ おつまみのリストでございます。

④ お飲物はコーヒーとジュース，どちらになさいますか。

⑤ お飲物は何にいたしましょうか。

⑥ おつまみはどういたしましょうか。

⑦ 銘柄は何がよろしいでしょうか。

⑧ コルクはこちらにお置きしておきます。

⑨ ワインの温度(香り，味，色)はいかがでしょうか。

⑩ どうぞごゆっくりお召し上がりください。

⑪ 恐れいりますが，閉店時刻でございます。

⑫ バーは 30 分程で，閉店となりますが。

⑬ お会計を先にお願いできますでしょうか。

G : 네, 알겠습니다. 소다(soda)나 물을 탈까요?

T : 물을 타고, 얼음을 많이 넣어주십시오. 그리고 포테이토 칩(potato chips)을 부탁합니다.

G : 네, 알겠습니다.

* * *

① 음료 리스트입니다.

② 메뉴입니다.

③ 안주류 리스트입니다.

④ 음료는 커피와 주스, 어느쪽으로 하시겠습니까?

⑤ 음료는 무엇으로 하시겠어요?

⑥ 안주는 어떻게 하실까요?

⑦ 상표는 무엇이 좋으신가요?

⑧ 코르크(cork)는 이쪽에 놓아 두겠습니다.

⑨ 와인(wine) 온도(향기, 맛, 색)은 어떠신지요?

⑩ 천천히 드십시오.

⑪ 죄송합니다만, 폐점시간입니다.

⑫ 바(bar)는 30분 쯤해서 폐점됩니다만.

⑬ 회계(계산)를 먼저 부탁할 수 있을까요?

*　　　*　　　*

① オレンジジュースをお願いします。

② スコッチの水割(みずわ)りをください。

③ レミーマルタンのV.S.O.Pをお願いします。

④ ピーナッツとサラダをください。

**단 어 풀 이**

P.102
① コーヒーショップ(coffee shop) 커피숍, (간단한 식사도 되는) 커피점, 다방.
② リスト(list) 리스트, 일람표, 목록.
③ ストロベリー・ショートケーキ(strawberry shortcake) 스트로 베리·쇼트케이크.
④ バー(bar) 바, 술집.
⑤ スコッチ(scotch) 스카치, 스코틀랜드산 위스키.
⑥ めいがら(銘柄) 품목, (이름있는) 상표.
⑦ ジョニーウォーカーブラック(Johnnie Walker Black) 조니워커 블랙, 스코틀랜드에서 제조되는 위스키.

P.104
① みずわり(水割り) 물을 타서 희석시킴.
② ポテトチップ(potato chip) 포테이토 칩, 얇게 썬 감자 튀김.
③ しながき(品書) 물품 목록, 식단.
④ つまみ(撮み) 술안주.
⑤ コルク(cork) 코르크, 병마개.
⑥ ワイン(wine) 와인, 포도주.
⑦ さき(先き) 앞, 선두, 먼저, 우선.

P.106
① ピーナッツ(peanuts) 피넛츠, 땅콩.

*　　　*　　　*

① 오렌지 주스(orang juice)를 부탁합니다.

② 스카치에 물탄 것을 주십시오.

③ 레미마틴(Remy Martin) V.S.O.P를 부탁합니다.

④ 땅콩(peanuts)과 샐러드(salad)를 주십시오.

## 3-4 コンプレインの対応

### 〔例1 料理内容への苦情〕

① このステーキは焼きが足りないです。
焼きすぎです。
生焼けです。
かみ切れないです。
かたいです。
カラカラです。

② このスープは冷たいです。
なまあたたかいです。
なまぬるいです。
味がうすいです。
香りがないです。

③ このサラダは古いです。
しおれています。
油っこいです。
新鮮ではないです。

④ こちらのたまごは生です。
焼き方が足りないです。
焼きすぎです。

# 3-4 컴플레인(complain) 대응

### 〔예1 요리 내용의 불평〕

① 이 고기(steak)는 잘 구워지지 않았습니다.

너무 구워졌습니다.

설 구워졌습니다.

질깁니다.

딱딱합니다.

바싹바싹합니다.

② 이 수프(soup)는 식었습니다.

미지근합니다.

미적지근합니다.

맛이 싱겁습니다.

향기가 없습니다.

③ 이 샐러드(salad)는 오래됐습니다.

시들었습니다.

느끼합니다.

신선하지 않습니다.

④ 이 계란은 날것입니다.

잘 익지 않았습니다.

너무 익었습니다.

⑤ これは味(あじ)が変(へん)です。

おかしいです。

ひどいです。

まずいです。

⑥ このジュースは冷(つめ)たくないです。

このビールは気(き)がぬけています。

⑦ このワインはすっぱいです。

このミルクはいたんでいます。

⑧ サラダに虫(むし)が入(はい)っています。

⑨ スープに髪(かみ)の毛(け)が入(はい)っています。

⑩ このコーヒーは冷(つめ)たいです。

なまぬるいです。

なまあたたかいです。

うすすぎます。

濃(こい)すぎます。

**［例2　その他(ほか)への苦情(くじょう)］**

① サービスが悪(わる)かったのでサービス料(りょう)は払(はら)いません。

② このナイフは切(き)れません。

③ このグラスはしみがついています。

欠(か)けています。

⑤ 이것은 맛이 변했습니다.

이상합니다.

지독합니다.

없습니다.

⑥ 이 주스(juice)는 차지 않습니다.

이 맥주(beer)는 김이 빠졌습니다.

⑦ 이 포도주(wine)는 시큼합니다.

이 우유(milk)는 상했습니다.

⑧ 샐러드(salad)에 벌레가 들어 있습니다.

⑨ 수프(soup)에 머리카락이 들어 있습니다.

⑩ 이 커피(coffee)는 찹니다.

미적지근합니다.

미지근합니다.

너무 연합니다.

너무 진합니다.

### 〔예 2　그밖의 불평〕

① 서비스(service)가 나빴기 때문에 봉사료는 지불하지 않겠습니다.

② 이 나이프(knife)는 들지 않습니다.

③ 이 잔(glass)은 얼룩이 졌습니다.

이가 빠졌습니다.

④ 灰皿(はいざら)がありません。

⑤ 音(おと)がうるさいです。

⑥ このテーブルは悪(わる)い場所(ばしょ)です。

## 단 어 풀 이

P. 108

①コンプレイン(complain) 불평, 불만.
②くじょう(苦情) 불만, 불평.
③ステーキ(steak) 스테이크, 비프스테이크.
④やき(焼き) 구움, 구운 정도. ※焼きが足りない 잘 구워지지 않다.
⑤たりる(足りる)〈自上1〉 족하다, 충분하다.〈「たりない」의 꼴로〉
　모자라다, 부족하다.
⑥すぎる(過ぎる)〈自上1〉 지니다, 지나가다, 지나치게 ~하다, 너무 ~하다.
⑦なまやけ(生焼け). 설 구워짐.
⑧かみきる(噛切る)〈他5〉 물어 끊다.
⑨かたい(堅い, 固い)〈形〉 단단하다, 딱딱하다.
⑩からから〈形動〉 바싹바싹함.
⑪つめたい(冷たい)〈形〉 차다, 냉정하다.
⑫なまあたたかい(生暖かい)〈形〉 미지근하다.
⑬なまぬるい(生温い)〈形〉 미지근하다, 미온적이다.
⑭うすい(薄い)〈形〉 적다, 별로 없다, 연하다, 엷다.
⑮かおり(香り) 향기, 향내.
⑯ふるい(古い)〈形〉 오래다, 오래되다.
⑰しおれる(萎れる)〈自下1〉 시들다, 풀이 죽다.
⑱あぶらっこい(油っこい)〈形〉 기름지다, 느끼하다.
⑲しんせん(新鮮)〈形動〉 신선함, 싱싱함.
⑳なま(生)〈名·形動〉 생, 생것, 날것, 덜 익은것.

④ 재떨이가 없습니다.

⑤ 소리가 시끄럽습니다.

⑥ 이 테이블은 불쾌한 장소입니다.

P.110

①おかしい(可笑しい) 〈形〉 우습다, 이상하다.
②ひどい(酷い) 〈形〉 지독하다, 심하다.
③まずい(不味い) 〈形〉 맛없다, 서투르다.
④気がぬける (김이) 빠지다.
⑤すっぱい(酸っぱい) 〈形〉 시큼하다, 시다.
⑥いたむ(傷む) 〈自5〉 상하다, 썩다.
⑦髪の毛 머리털.
⑧こい(濃い) 〈形〉 (색이) 짙다, 진하다, (맛이) 진하다. ↔ うすい。
⑨しみがつく 얼룩이 지다.
⑩かける(欠ける) 빠지다, 이지러지다.

P.112

①うるさい(五月蠅い) 〈形〉 (소리가) 시끄럽다, 소란스럽다, 귀찮다.
②わるい(悪い) 〈形〉 나쁘다, 옳지 못하다, 불쾌하다.

## 3–5　営業時間の問い合わせ

T：レストランは何時から営業してますか。

G：午前10時より営業しております。

*　　　*　　　*

T：レストランは何時までですか。

G：午後10時で閉めさせて頂きます。

*　　　*　　　*

T：朝食は何時から利用できますか。

G：朝食は７時から９時まで営業しております。

**단 어 풀 이**

①といあわせ(問い合わせ) 문의, 조회.
②しめる(閉める) 〈他下1〉 닫다, 폐업하다,
③やる(遣る) 〈他5〉 보내다, 주다, 하다.

# 3—5 영업시간 문의

T : 레스토랑은 몇 시부터 영업합니까?

G : 오전 10시부터 영업합니다.

*　　　*　　　*

T : 레스토랑은 몇 시까지입니까?

G : 오후 10시에 닫습니다.

*　　　*　　　*

T : 조식은 몇 시부터 이용할 수 있습니까?

G : 조식은 7시부터 9시까지 할 수 있습니다.

# 3–6 会計

① お会計でございますか。

② 恐れ入りますが，請求金額に少し足りません。

③ 税金とサービス料を10%ずつ加えさせていただいております。

④ お勘定には税金とサービス料が10%ずつ加算されております。

⑤ こちらに表示してある会社のクレジットカードでしたらお使いいただけます。

⑥ カードをお預りいただけますでしょうか。

⑦ 追加分は別に会計にてお支払いいただけますか。

⑧ 現金それともクレジットカードでお支払いですか。

⑨ 恐れ入りますが，このカードはお取り扱いしておりません。

⑩ 差額のご請求は3,750円でございます。

**단 어 풀 이**

①くわえる(加える)〈他下1〉 더하다, 가산하다, 보태다.
②かんじょう(勘定)〈名·他〉 계산, 셈, 지불.
③クレジットカード(credit carde) 크레디트 카드, 신용카드.
④ついかぶん(追加分) 추가분.
⑤とりあつかい(取り扱い)〈名〉 취급, 다루어 처리함.
⑥さがく(差額)〈名〉 차액, 금액의 차이.

# 3—6 회 계

① 계산하시겠습니까?

② 죄송합니다만, 청구금액이 조금 부족합니다.

③ 세금과 봉사료를 10%씩 가산하여 받고 있습니다.

④ 계산(서)에는 세금과 봉사료가 10%씩 가산됩니다.

⑤ 여기에 표시되어 있는 회사의 크레디트 카드(credit card)라면 사용하실 수 있습니다.

⑥ 카드를 좀 주시겠어요?

⑦ 추가분은 별도로 회계에서 지불해 주시겠습니까?

⑧ 현금으로 하시겠어요? 아니면 크레디트카드로 지불하시겠어요?

⑨ 죄송합니다만, 이 카드는 취급하고 있지 않습니다.

⑩ 차액 청구는 3,750엔입니다.

# 4

# 買物

# 4-1　営業時間のご案内

〔例1　営業時間のご案内〕

T：デパート(免税店)は何時に開きますか。

G：午前10時30分でございます。

＊

T：閉店時間は何時ですか。

G：午後7時30分でございます。

＊

T：営業時間は何時から何時までですか。

G：10時30分から７時30分まででございます。

〔例2　定休日のご案内〕

T：明日は開いていますか。

G：いいえ，火曜日は休ませて頂いております。

# 4−1 영업시간 안내

## 〔예1 영업시간 안내〕

T : 백화점(면세점)은 몇 시에 엽니까?

G : 오전 10시 30분입니다.

*　　*　　*

T : 폐점시간은 몇 시입니까?

G : 오후 7시 30분입니다.

*　　*　　*

T : 영업시간은 몇 시부터 몇 시까지입니까?

G : 10시 30분부터 7시 30분까지입니다.

## 〔예2 정기휴일 안내〕

T : 내일은 엽니까?

G : 아니오, 화요일은 쉽니다.

**T**：定休日はいつですか。

**G**：火曜日でございます。

*　　　*　　　*

① 店は何時から利用できますか。

② 店は何時に開きますか。

③ 本日は終了させて頂きました。

④ 水曜日は休ませて頂きます。

⑤ 午前10時30分より営業しております。

⑥ 午後7時30分に閉店いたしております。

⑦ この店は木曜日が定休日でございます。

### 단 어 풀 이

P. 120

①デパート(department store의 준말) 백화점.
②めんぜいてん(免税店) 면세점.
③あく(開く)〈自5〉 열리다, 뜨이다.
④へいてん(閉店)〈名〉 폐점, 폐업.
⑤ていきゅうび(定休日) 정기 휴일.
⑥やすむ(休む)〈自他5〉 쉬다, 휴식하다.

P. 122

①みせ(店) 가게, 상점, 점포, 매장.
②しゅうりょう(終了) 종료, 끝남.

**T** : 정기 휴일은 언제입니까?

**G** : 화요일입니다.

*　　　*　　　*

① 매장은 몇 시부터 이용할 수 있습니까?

② 매장은 몇 시에 엽니까?

③ 오늘은 끝났습니다.

④ 수요일은 쉽니다.

⑤ 오전 10시 30분부터 영업합니다.

⑥ 오후 7시 30분에 폐점합니다.

⑦ 이 매장은 목요일이 정기 휴일입니다.

## 4–2　通常のショッピングへのご案内

### 〔例1　色·形等のおすすめ〕

G：お加減はいかがですか。

T：うーん，悪くはないでしょう。

G：はい。とてもよくお似合いですよ。

*　　*

T：この感じの色は私には似合わないと思いますが，どうでしょうか。

G：私はよくお似合いだと思います。

G：私はよくお似合いだと思います。

*　　*　　*

T：このジャケットに合うものを選んでくれませんか。

G：かしこまりました。この感じの色などはとてもお以合いだと思いますが。

*　　*　　*

# 4−2 통상적인 쇼핑 안내

## 〔예1 색상·모양 등의 권유〕

G : 어떠세요?(마음에 드세요?)

T : 응—, 보기 싫지는 않지요?

G : 네, 아주 잘 어울리는데요.

* * *

T : 이 색감은 저에게는 어울리지 않는 것 같은데,
어떻게 생각합니까?

G : 저는 잘 어울리는 것 같습니다.

* * *

T : 이 자켓(jacket)에 어울리는 것을 골라 주지 않겠어요?

G : 알겠습니다. 이런 색감의 종류는 아주 잘 어울릴 것으로 생각하는데요.

* * *

① こちらのシャツにはこちらの色(形，デザイン)が合っていると思います。

② このタイプのジャケットにはこの模様がよろしいかと思います。

③ もう少し近くでご覧になりますか。

④ プレゼント用の包装をご希望ですか。

〔例2　流行等のご説明〕

G：こちらがこの冬，最も流行の型でございます。

T：そうですか。きれいですね。それでは，これを下さい。

＊　＊　＊

① 今年最も注目されている色は白です。

② この夏の流行は白です。

③ こちらはいかがですか。

④ どの様な色(素材)をお好みですか。

〔例3　素材のご説明〕

T：どちらの方が肌ざわりが柔らかいですか。

① 이 셔츠(shirt)에는 이 색상(모양, 디자인(design))이 맞는다고 생각합니다.

② 이 타이프(type)의 자켓(jacket)에는 이 무늬가 좋을 것으로 생각합니다.

③ 조금 더 가까이서 보시겠습니까?

④ 선물(present)용 포장을 원하십니까?

**〔예 2 유행 등의 설명〕**

G : 이것이 올 겨울, 가장 유행하는 스타일입니다.

T : 그래요. 예쁘군요. 그럼, 이것을 주세요.

* * *

① 올해 가장 주목하고 있는 색상은 흰색입니다.

② 올 여름 유행은 흰색입니다.

③ 이것은 어떻습니까?

④ 어떠한 색상(소재)를 희망하십시까?

**〔예 3 소재의 설명〕**

T : 어느 쪽이 촉감이 부드럽습니까?

G：こちらの方になります。綿100%ですので。

*　　　*　　　*

G：どちらの素材がよろしいでしょうか。綿とポリエステルがございますが。
T：肌ざわりが柔らかい方がいいね。
G：では，綿の方がよろしいかと思います。

*　　　*　　　*

T：どちらの方が汗の吸収がいいのですか。
G：こちらになります。綿100%ですので。

*　　　*　　　*

① こちらの方が綿100%ですので，触った感じがより柔らかいです。
② こちらは35%ポリエステルが入っていますので，そちらの方がよく汗をすいとると思います。

G : 이겁니다. 면 100%이니까요.……

* * *

G : 어느 소재(옷감)가 좋으신가요? 면과 폴리에스터(polyester)가 있는데요.

T : 촉감이 부드러운 쪽이 좋겠지요.

G : 그럼, 면 쪽이 좋을 것으로 생각합니다.

* * *

T : 어느 쪽이 땀 흡수를 잘합니까?

G : 이겁니다. 면 100%이니까요.……

* * *

① 이쪽이 면 100%이니까, 감촉이 훨씬 부드럽습니다.

② 이것은 35% 폴리에스테르가 들어 있기 때문에, 그쪽이 땀 흡수가 잘 될 것으로 생각합니다.

### 〔例4　耐久性のご説明〕

T：どちらの方が長持ちしますか。

G：こちらの方をお勧めいたします。本革で出来ておりますので，少しお高くなるかとは思いますが。………

＊　＊　＊

G：こちらの方があちらよりずっと長持ちいたします。

T：本当ですか。

G：はい。確かでございます。

＊　＊　＊

① こちらの方がずっと耐久性に優れています。

② こちらは本革で出来ておりますので，とても長持ちします。

### 〔例5　洗濯方法のご説明〕

T：縮みを防ぐにはどうしたらいいですか。

G：クリーニングに出されることをおすすめいたします。

〔예 4 내구성의 설명〕

T : 어느 쪽이 오래 갑니까?

G : 이쪽을 권하겠습니다. 진짜 가죽으로 되어 있기 때문에, 조금 비싸다고는 생각합니다만……

* * *

G : 이것이 저것보다 훨씬 오래 갑니다.

T : 정말입니까?

G : 네, 확실합니다.

* * *

① 이쪽이 훨씬 내구성이 우수합니다.

② 이쪽은 진짜 가죽으로 되어 있기 때문에 정말로 오래 갑니다.

〔예 5 세탁 방법의 설명〕

T : 수축을 방지하는 데는 어떻게 하면 됩니까?

G : 클리닝(cleaning)으로 하기를 권합니다.

*　　　*　　　*

T：色落ちはどうしたら防げますか。

G：冷たい水でお洗いになればよろしいかと存じます。

*　　　*　　　*

T：これは洗濯機で洗えますか。

G：はい，ですが，表面が毛玉になるのを防ぐために，お洗いになる時は裏返しになさって下さい。

*　　　*　　　*

① クリーニングに出された方がよろしいかと存じます。

② 色あせすることはありませんか。

③ 陰干しをなさって下さい。

〔例6　サイズ限定のご説明〕

T：これのエキストララージを探しているのですが，どうもここにはないようですね。

G：この型ではこちらが一番大きなものになります。

* * *

T : 탈색은 어떻게 하면 방지할 수 있습니까?

G : 찬물로 세탁하시면 좋을 것으로 생각합니다.

* * *

T : 이것은 세탁기로 빨 수 있습니까?

G : 네, 그렇지만, 표면이 보풀나는 것을 방지하기 위해, 세탁하실 때는 뒤집어 주십시오.

* * *

① 세탁소에 맡기시는 것이 좋을 것으로 생각합니다.

② 색이 바래지 않습니까?

③ 그늘에서 말려 주십시오.

### 〔예 6 사이즈 한도의 설명〕

T : 이걸로 엑스트라라지(extra-large)를 찾고 있는데, 암만해도 여기는 없는 것 같군요.

G : 이런 스타일로는 이것이 가장 큰 겁니다.

T：これのキングサイズはありますか。

G：こちらの売り場ではこのサイズまでしか扱っておりません。

*　　　*　　　*

① キングサイズ売り場の方へ行かれてみてはいかがでしょうか。

② この型ではこちらが一番大きなものになります。

③ どちらのメーカーをご希望でしょうか。

④ このメーカーのものでしたら，もっと大きいものもございます。

⑤ このサイズであれと同じデザインのものが欲しいのですが。

〔例７　保証についてのご説明〕

T：これはある程度の期間，保証されていますか。

G：はい。一年でございます。こちらが保証書でございます。

T：ありがとう。

*　　　*　　　*

G：保証期間は6か月のみ有効でございます。ご注意下さい。

T：ああそう。

T : 이걸로 킹사이즈(king-size)는 있습니까?

G : 이 매장에서는 이 사이즈까지 밖에는 취급하지 않습니다.

*　　　*　　　*

① 킹사이즈 매장으로 가보시는 것이 어떠신지요?

② 이 스타일로는 이것이 가장 큽니다.

③ 어느 메이커(maker)를 원하시는지요?

④ 이 메이커라면, 더 큰 것도 있습니다.

⑤ 이 사이즈로 저것과 똑같은 디자인(design)으로 된 것을 사고 싶은데요?

**〔예 7　보증에 관한 설명〕**

T : 이것은 어느 정도의 기간까지 보증합니까?

G : 네, 1년입니다. 이것이 보증서입니다.

T : 감사합니다.

*　　　*　　　*

G : 보증기간은 6개월 동안만 유효합니다. 주의 하십시오.

T : 아, 그래요.

＊　　＊　　＊

① こちらが保証書でございます。

② 保証は6か月後に無効になります。

〔例8　配送〕

G：お持ち帰りになりますか。それとも配送をご希望ですか。

T：配送して下さい。

G：では，こちらの用紙にお名前，ご住所それとお電話番号をご記入頂けますか。

＊　　＊　　＊

T：いつ頃届きますか。

G：たぶん，一週間程でお届けできると思います。

T：配送するのにいくらかかりますか。

G：東京地方は1,500円でございます。

T：わかりました。配送をお願いします。

*　　*　　*

① 이것이 보증서입니다.

② 보증은 6개월 후에 무효가 됩니다.

〔예 8 배달〕

G : 가지고 가시겠습니까, 아니면 배달을 원하십니까?

T : 배달해 주십시오.

G : 그러면, 이 용지에 성함, 주소 그리고 전화번호를 기입해 주시겠습니까?

*　　*　　*

T : 언제 쯤 배달됩니까?

G : 아마, 1주일 쯤 해서 배달될 것으로 생각합니다.

T : 배달하는데 얼마나 듭니까?

G : 동경지방은 1,500엔입니다.

T : 알았습니다. 배달을 부탁합니다.

## 단 어 풀 이

P. 124

①かたち〈形〉 모양, 형태.
②すすめる(勧める) 〈他下1〉 권하다, 권고하다, 권장하다.
③かげん(加減) 〈名〉 상태, 정도.
④わるい(悪い) 〈形〉 나쁘다, 옳지 못하다, 못되다.
⑤ とても 〈副〉 아주, 대단히, 〈부정의 뜻으로〉 도저히.
⑥にあう(似合う) 〈自5〉 어울리다, 잘 맞다.
⑦かんじ(感じ) 느낌, 인상, 기분, 감각, 감촉.
⑧ジャケット(jacket) 자켓, 상의의 일종.
⑨あう(合う) 〈自5〉 (치수 등이) 맞다, 어울리다, 일치하다.
⑩えらぶ(選ぶ) 〈他5〉 고르다, 택하다, 선발하다.

P. 126

①もよう(模様) 무늬, 모양, 형편, 상황.
②もう少し 조금 더. ③ちかい(近い) 〈形〉 가깝다.
④ごらん(御覧) 보심. 「見ること」의 높임말.
⑤ほうそう(包装) 〈名·他〉 포장. ⑥きぼう(希望) 〈名·他〉 희망.
⑦もっとも(最も) 〈副〉 가장, 제일.
⑧きる(着る) 〈他上1〉 (옷 등을) 입다, (누명을) 뒤집어 쓰다.
⑨りゅうこう(流行) 〈名·自〉 유행(복장 등의 유행)＝はやり
⑩ことし(今年) 금년, 올해.
⑪いかが〈形動〉 (형편, 의사가) 어떠함.
⑫すき(好き) 〈名·形動〉 좋아함, 호사, 호색.

P. 128

①はだざわり(肌触り) 감촉, 촉감, 인상.
②やわらかい(柔らかい) 〈形〉 부드럽다, 푹신하다, 포근하다, 유연하다.
③さわる(触る) 〈自下1〉 닿다, 손을 대다.
④はいる(入る) 〈自5〉 들다, 들어가(오)다, 수용하다.

P. 130

①たいきゅうせい(耐久性) 내구성. ②ながもち(長持ち) 〈名·自〉 오래감.
③ほんがわ(本革) 진짜 가죽. ④ずっと 〈副〉 훨씬, 쭉, 계속.

⑤ほんとう(本当) 사실, 진실, 정말, 진짜. 〈副〉(〜に) 진정으로, 정말로.
⑥たしか(確か) 〈形動〉 확실함, 틀림없음. 〈副〉 아마, 틀림없이.
⑦すぐれる(優れる) 〈自下1〉 뛰어나다, 훌륭하다, 우수하다.
⑧ちぢみ(縮み) 수축, 오므려짐.
⑨ふせぐ(防ぐ) 〈他5〉 막다, 예방하다.
⑩クリーニング(cleaning) 클리닝, 세탁. 「ドライクリーニング」의 준말.

P. 132
①いろおち(色落ち) (세탁할 때) 색깔이 빠짐.
②つめたい(冷たい) 〈形〉 차다, 쌀쌀하다, 냉정하다.
③あらう(洗う) 〈他5〉 씻다, 빨다.
④ぞんじる(存じる) 〈自上1〉 생각하다. 「考える, 思う」의 겸사말, 알고 있다. 「知る, 覚える」의 겸사말.
⑤けだま(毛玉) 털실, 중간의 곱슬마디.
⑥うらがえす(裏返す) 〈他5〉 뒤집다.
⑦いろあせる(色あせる) 〈自下1〉 빛이 바래다, 퇴색하다.
⑧かげぼし(陰干し) 〈名·他〉 그늘에서 말림.
⑨サイズ(size) 사이즈, 치수.
⑩さがす(探す) 〈他〉 찾다.
⑪どうも 〈副〉 정말, 매우, 어쩐지. 〈부정의 꼴로〉 아무래도, 도무지.

P. 134
①うりば(売り場) 매장, 파는 곳.
②あつかう(扱う) 〈他5〉 (일을) 다루다, 취급하다, 조작하다.
③もっと 〈副〉 더, 좀더.
④ほしい(欲しい) 〈形〉 〜하고 싶다. 〈「〜て」의 꼴로〉 〜해 주었으면 싶다.

P. 136
①のみ 〈副助〉 (오직) 〜만, 〜뿐. ②むこう(無効) 〈名·形動〉 무효.
③はいそう(配送) 〈名·自〉 배송, 배달.
④とどく(届く) 〈自5〉 (물건이) 도착하다, 닿다. 〈他〉 とどける。

# 4–3　専門店(せんもんてん)にて

〔例1　バーゲンセール〕

T：このネクタイはバーゲン品(ひん)ですか。

G：はい，そうです。半額(はんがく)で提供(ていきょう)しております。

T：このスーツに似合(にあ)うものを選(えら)んでもらえますか。

G：はい，かしこまりました。少々(しょう)お待(ま)ちください。

……………………………………………………………

こちらはいかがでしょうか。

T：気(き)にいりました。これを頂(いただ)きます。

〔例2　衣類(いるい)コーナーにて〕

T：このジャケットに合(あ)うものを選(えら)んでくださいませんか。

G：はい，かしこまりました。少々(しょう)お待(ま)ちくださいませ。

……………………………………………………………

これはいかがですか。サイズもぴったりのようですが。

T：うん，これにしよう。

*　　　*　　　*

# 4—3 전문점에서

### 〔예 1 바겐세일(bargain sale)〕

T : 이 넥타이(necktie)는 바겐세일품입니까?

G : 네, 그렇습니다. 반액으로 제공하고 있습니다.

T : 이 옷(suit)에 어울리는 것을 골라 주겠습니까?

G : 네, 알겠습니다. 잠시 기다려 주십시오.

..........................................................................................

이것은 어떻습니까?

T : 마음에 듭니다. 이것을 사겠습니다.

### 〔예 2 의류 코너(corner)에서〕

T : 이 자켓(jacket)에 맞는 것을 골라 주지 않겠습니까?

G : 네, 알겠습니다. 잠시 기다려 주십시오.

..........................................................................................

이것은 어떻습니까? 사이즈도 꼭 맞는것 같은데……

T : 응, 이것으로 하지요.

* * *

① これは少し大きすぎるわ。

② サイズも色もよさそうですが。

③ この方がずっといいわね。

〔例3　お土産店にて〕

G：おみやげをお探しですか。

T：はい，そうなんです。おみやげにはどんなものがいいですかね。

G：そうですね。代表的な韓国のお土産としては，高麗人参，陶器，人形などをお勧めいたします。

…………………………………………………………………………

たくさんの観光客がお土産として大変興味をお待ちになっているのは陶器でございます。

T：うん，これはよさそうだ。これを買いましょう。

〔例4　靴屋で〕

T：靴が欲しいのですが。

G：お客様ご自身のですか。

T：はい，そうです。

G：サイズは，どのくらいでしょうか。

① 이것은 조금 큰 것 같군요.

② 사이즈(size)도 색상도 좋은 것 같은데……

③ 이쪽이 훨씬 좋군요.

**〔예 3 토산품 가게에서〕**

G : 토산품을 찾으십니까?

T : 네, 그래요. 토산품은 어떤 것이 좋을까요?

G : 글쎄요. 대표적인 한국의 토산품으로서는, 고려인삼, 도자기, 인형 등을 권하고 싶습니다.

………………………………………………………………………………

많은 관광객들이 토산품으로서 대단히 흥미를 갖고 있는 것은 도자기입니다.

T : 응, 이것이 좋을 듯 싶은데. 이것을 사지요.

**〔예 4 양화점에서〕**

T : 구두를 사고 싶은데요.

G : 손님 겁니까?

T : 네, 그렇습니다.

G : 사이즈는 얼마이시지요?

T：24センチです。

G：こちらが24センチですが，どのようなスタイルがよろしいでしょうか。

T：このスタイルがよいのですが，何色がありますか。

G：黒，茶色，こげ茶，白がございます。

T：白いのを見せてください。

G：はい，これです。おはきになってみますか。

T：ええ，はいてみましょう。

G：いかがですか。今こちらで流行しています。

T：うーん，はき心地がとてもいいですね。おいくらですか。

G：10,000円でございます。

〔例5　カバン屋で〕

T：おみやげをたくさん買いすぎて，スーツケースに入りきらないので，バッグか何か欲しいのですが。

G：この種のバッグはいかがですか。

T：この材質は何ですか。

G：このバッグは牛皮ですので，とても丈夫ですよ。それに，デザインも最新のものですし。

T：たくさん入りますか。

G：もちろんです。

T : 24센치입니다.

G : 이것이 24센치 입니다만, 어떠한 스타일(style)일이 좋으신가요?

T : 이 스타일이 마음에 듭니다만, 무슨 색이 있습니까?

G : 검정, 다색, 짙은 다갈색, 흰색이 있습니다.

T : 흰색을 보여주십시오.

G : 네, 이겁니다. 신어 보시겠습니까?

T : 네, 신어 보지요.

G : 어떻습니까? 지금 이곳에서 유행하고 있습니다.

T : 응, 발이 참 편하군요. 얼마입니까?

G : 10,000엔입니다.

### 〔예 5 가방 가게에서〕

T : 선물을 너무 많이 사서, 수트케이스(suitecase)에 들어가지 않기 때문에, 백(bag)이나 뭔가 좀 사고 싶은데.

G : 이런 종류의 백은 어떻습니까?

T : 이 재질은 무엇입니까?

G : 이 백은 소가죽이므로, 아주 튼튼하지요. 게다가, 디자인(design)도 최신 거지요.

T : 많이 들어갑니까?

G : 물론입니다.

T：鍵はありますか。

G：はい，2つございます。

T：おいくらですか。

G：5,000円でございます。

T：これを頂きます。

〔例6　宝石屋で〕

T：これは本真珠ですか。

G：はい，養殖珠はどれも本真珠でございます。

T：値段の違いはどこからくるのですか。

G：品質と大きさによります。真珠の場合は質が良いもの程光沢がより上品になります。

T：なるほど。ではこのタイプのもので16インチのものはありますか。

G：はい，こちらにございます。

T：それをもらうことにします。それぞれの珠の間に結び目を入れることは出来ますか。

G：はい，20～30分程かかりますがよろしいでしょうか。

T：そうね。店内を一回りしてから寄ります。

T : 열쇠는 있습니까?

G : 네, 두 개 있습니다.

T : 얼마입니까?

G : 5,000엔입니다.

T : 이것을 사겠습니다.

### 〔예 6 보석 가게에서〕

T : 이것은 진짜 진주입니까?

G : 네, 양식 진주는 어느 거나 진짜 진주입니다.

T : 가격 차이는 어떻게 다릅니까?

G : 품질과 크기에 따라 다릅니다. 진주의 경우는 질이 좋은 것 만큼 광택이 매우 고상합니다.

T : 그렇군. 그럼 이 타이프(type)의 것으로 16인치는 있습니까?

G : 네, 이쪽에 있습니다.

T : 그것을 사겠습니다. 각각의 진주 사이에 매듭을 넣는 일은 가능합니까?

G : 네, 20～30분 정도 걸립니다만, 좋으신가요?

T : 그래요. 매장을 한 바퀴 돌고 나서 들르겠습니다.

## 단 어 풀 이

P. 140
①バーゲンセール(bargain sale) 바겐 세일, 염가 대매출.
②ネクタイ(necktie) 넥타이.
③スーツ(suit) 수트, 양복 상하 한 벌.
④にあう(似合う)〈自5〉 어울리다, 잘 맞다.
⑤えらぶ(選ぶ)〈他5〉 고르다, 택하다, 선발하다.
⑥もらう(貰う)〈他5〉 받다, 얻다, 인수하다.
⑦コーナー(corner) 코너, (백화점 등의) 특설 매장.
⑧ぴったり〈副·自〉 꼭, 꽉.

P. 142
①すぎる(過ぎる)〈自上1〉 지나가다, 넘다, 지나치게 ～하다, 너무 ～하다.
②ずっと〈副〉 훨씬, 쑥, 곧장, 계속.
③みやげ(土産) 선물, 토산품.
④さがす(探す)〈他5〉 찾다.
⑤どんな〈形動〉 어떤, 어떠한.
⑥たいへん(大変)〈名·形動·副〉 큰일, 대단함, 매우, 대단히.
⑦ほしい(欲しい)〈形〉 ～하고 싶다, 갖고 싶다.

P. 144
①こげちゃ(焦茶) 짙은 다갈색.
②みせる(見せる)〈他下1〉 보이다, ～인 것처럼 보이다, (～에게) 보이다.
③はく(穿く)〈他5〉 (하의를) 입다, 신다.
④ここち(心地) 기분, 심정, 느낌.
⑤スーツーケース(suitcase) 수트케이스, (여행용) 소형 옷가방.
⑥じょうぶ(丈夫)〈名·形動〉 건강함, 튼튼함, 견고함.
⑦それに〈接〉 더우기, 게다가, 그래도.

P. 146

①ほんしんじゅ(本真珠) 진짜 진주.
②ようしょくじゅ(養殖珠) 양식 진주.
③むすびめ(結び目) 매듭.
④いれる(入れる)〈他下1〉 넣다, 집어 넣다.
⑤まわる(回る)〈自5〉 돌다, 돌아다니다.
⑥よる(寄る)〈自5〉 접근하다, 다가서다, 들르다, 모이다.

# 5

# オプショナルツアー

# 5—1　オプショナルツアーのご案内

## 〔例1　オプショナルツアーの問い合わせ〕

① オプショナルツアーで何がありますか。

② 明日の朝，ゴルフはできますか。

③ お望みの時間に，いつでも結構でございます。

④ 費用はどれくらいかかりますか。

⑤ 温泉のあるところはありませんか。

⑥ どこか景色のいいところはありませんか。

⑦ いつお発ちになりますか。

## 〔例2　ゴルフ〕

**T**：ゴルフの予約をしてくれますか。

**G**：はい，承知いたしました。いつゴルフをなさいますか。

**T**：明日，4人です。

**G**：はい，まずチェックしてみましょう………。
お待たせいたしました。9時にスタートすれば大丈夫です。よろしいですか。

**T**：結構です。ところで，1人いくらですか。

**G**：グリーン・フィーと送迎を含んで，お1人様20,000円です

# 5-1 옵셔널 투어(optional tour)안내

## 〔예1 옵셔널 투어 문의〕

① 옵셔널 투어로 무엇이 있습니까?

② 내일 아침, 골프(golf)는 할 수 있습니까?

③ 희망하시는 시간, 언제라도 괜찮습니다.

④ 비용은 어느 정도 듭니까?

⑤ 온천이 있는 곳은 없습니까?

⑥ 어딘가 경치가 좋은 곳은 없습니까?

⑦ 언제 출발하십니까?

## 〔예2 골프(golf)〕

T : 골프 예약을 해 주겠습니까?

G : 네, 알겠습니다. 언제 골프를 하시겠습니까?

T : 내일, 4명입니다.

G : 네, 먼저 체크(check)해 보지요….

오래 기다리셨습니다. 9시 스타트(start) 가능합니다만, 괜찮겠습니까?

T : 좋습니다. 그런데 1인 얼마입니까?

G : 입장료(green fee)와 송영(送迎)을 포함해서, 한 사람당 20,000

が，キャディーフィーの6,000円は含んでおりません。

T：貸クラブ，貸靴はいくらですか。

G：貸クラブはフルセットで5,000円で，貸靴は1,000円でございます。

T：そうですか。お願いします。

G：はい，かしこまりました。

お名前とお部屋番号をおうかがいできますでしょうか。

T：木村さん，小池さん，田中さん，そして私の名前は吉田で，1803号室に泊っています。

G：ありがとうございます。

〔例3　カジノ〕

T：このホテルにはカジノがあるのですか。

G：もちろんです。

T：ところで，どんなギャンブルができるのですか。

G：やりたいものはなんでもできますよ。ルーレット，ブラックジャック，クラップス，バカラ，キノ，スロットマシン等でございます。

T：初心者にもできるギャンブルで最も人気のあるものはなんですか。

엔입니다만, 캐디피(caddie fee) 6,000엔은 불포함입니다.

T : 골프채(rental clubs)와 골프화의 사용료는 얼마입니까?

G : 임대 골프채는 풀세트(full set)로 5,000엔이고, 임대 골프화는 1,000엔입니다.

T : 그렇습니까? 부탁합니다.

G : 네, 알겠습니다.

성함과 방 번호를 알려주시겠어요?

T : 기무라씨, 고이케씨, 다나카씨 그리고 제 이름은 요시다로서, 1803호실에 묵고 있습니다.

G : 감사합니다.

### 〔예 3　카지노(casino)〕

T : 이 호텔에는 카지노가 있습니까?

G : 물론입니다.

T : 그런데, 어떤 겜블(gamblings)을 할 수 있습니까?

G : 하시고 싶은 것은 뭐든지 할 수 있지요. 룰레트(roulette), 블랙젝(black jack), 크랩스(craps), 베커라(baccarat), 기노(keno), 슬롯머신(slot machine) 등입니다.

T : 초보자도 할 수 있는 겜블로 가장 인기가 있는 것은 무엇입니까?

G：そうですね。率直に行ってギャンブルはまだやってみたことがないので………。

T：そうですか。じゃあ，行ってみましょう。

G：そうしましょう。

〔例4　コリアハウス〕

T：食事しながらショーを観たいのですが，どうすればいいのですか。

G：コリアハウスをお勧めいたします。

T：コリアハウス？

G：はい，コリアハウスは外国人に韓国の生活を紹介するために建てられた家で，古典音楽や民俗無踊，さらに伝統的な韓国料理が楽しめます。

T：ああ，そうですか。それも予約が必要なのですか。

G：はい，5時，7時ですが，何時になさいますか。

T：7時でお願いします。

G：何名様分おとりいたしますか。

T：2人です。

G：はい，かしこまりました。

G : 글쎄요. 직접 가서 겜블은 아직 해보지 못해서….

T : 그러세요. 그럼, 가봅시다.

G : 그렇게 합시다.

### 〔예 4 한국의 집(Korea House)〕

T : 식사 하면서 쇼(show)를 보고 싶은데, 어떻게 하면 좋습니까?

G : 한국의 집을 권합니다.

T : 한국의 집?

G : 네, 한국의 집은 외국인에게 한국의 생활을 소개하기 위해 만든 집으로, 고전음악과 민속무용, 특히 전통적인 한국요리를 즐기실 수 있습니다.

T : 아, 그래요. 그것도 예약이 필요한가요?

G : 네, 5시, 7시입니다만, 몇 시로 하시겠습니까?

T : 7시로 부탁합니다.

G : 몇 분 예약하실 겁니까?

T : 두 사람입니다.

G : 네, 알겠습니다.

## 단 어 풀 이

P. 152

① オプショナルツアー(optional tour) : Package Tour의 자유행동시간에 희망자에게 별도의 요금으로 실시하는 소여행을 말함.
② ゴルフ (golf) 골프.
③ グリーンフィー (green fee) 그린피, 골프코스 사용료. 입장료.

P. 154

① キャディー(caddie) 〔골프〕 캐디.
② 貸クラブ(rental clubs) 임대 골프채.
③ フルセット(full set) 풀셑트.
④ カジノ(casino) 카지노.
⑤ ギャンブル(gamblings) 겜블(노름)

# 6

# 観 光

6-1　ソウル市内観光
6-2　景福宮観光
6-3　昌徳宮観光
6-4　秘苑観光
6-5　ソウル近郊観光
6-6　慶州観光
6-7　釜山観光
6-8　済州道観光

# 6−1　ソウル市内観光

## 〔例1　ソウルの概観〕

- ソウルの歴史は紀元前18年に百済の温祚王が慰礼城をきずいたときにはじまりますが，朝鮮王朝の始祖李成桂が，西暦1394年に首都を開城からソウルにうつしてから，近世ソウルの歴史がはじまりました。
- 現在のソウルの人口はやく1,100万で，東洋で2番目の現代的都市ということのほかにも，観光都市として世界の注目を浴びえております。

## 〔例2　南大門〕

- 韓国国宝第1号の南大門は，1398年に建てられた朝鮮王朝の最古の城門でございます。
- 南大門というのは俗称で，本名は崇礼門と呼んでおります。

## 〔例3　南大門市場〕

- 約一万坪に達する南大門市場は東大門市場と共にソウルで一番大きい生

# 6-1 서울시내 관광

## 〔예 1 서울 개관〕

• 서울의 역사는 기원전 18년에 백제의 온조왕이 위례성을 쌓았을 때에 비롯되는데, 조선 왕조의 시조 이성계가 서기 1394년에 수도를 개성에서 서울로 천도한 때부터 근세 서울의 역사가 시작되었습니다.

• 현재의 서울의 인구는 약 1,1000만으로, 동양 제2위의 현대적 도시라는 외관 말고도, 관광도시로서 세계의 주목을 받고 있습니다.

## 〔예 2 남대문〕

• 한국 국보 제1호 남대문은, 1398년에 세워진 조선왕조 최고의 성문입니다.

• 남대문이라는 것은 속칭이고, 본명은 숭례문이라고 부르고 있습니다.

## 〔예 3 남대문 시장〕

• 약 1만평에 달하는 남대문 시장은 동대문 시장과 함께 서울에서

活必需品の万物総合市場でございます。

- 早朝に，地方やソウルの各地から集まった商人たちに品物を売った後，たいてい午前10時から小売りが始まるので，都心地のどこよりも安い値段で買うことができます。

〔例4　明洞〕

- 人と車で活気にみちた所で，韓国の流行はソウルの明洞から始まると言われております。
- 特に明洞はソウルの中心街で，裏通りにはデパート，洋品店，バー，レストランなどがございまして，ソウル市民はもちろん，外国人観光客にとっても大変便利なところでございます。

〔例5　梨泰院〕

- 東西約1キロメートル大通りの両側に沿ってマンモスショッピングタウンを成し，ショッピングの街として早くから有名になりました。
- 英語や日本語の看板があふれて，梨泰院の夜景はとりわけ美しいです。

가장 큰 생활필수품의 만물 종합시장입니다.

- 아침 일찍부터 지방이나 서울 각지에서 모여든 상인들에게 물건을 팔고 나서, 대개 오전 10시부터 소매가 시작되기 때문에, 도심지의 어느 곳 보다도 싼 가격으로 살 수 있습니다.

### 〔예 4 명동〕

- 사람과 차로 활기에 가득 찬 곳으로, 한국의 유행은 서울의 명동으로부터 시작된다고 말하고 있습니다.
- 특히 명동은 서울의 중심가로, 뒷 골목에는 백화점(department store), 양품점, 바, 레스토랑 등이 있어, 서울 시민은 물론 외국인 관광객에게 있어서도 매우 편리한 곳입니다.

### 〔예 5 이태원〕

- 동서 약 1km 큰 길 양측을 따라 맘모스(mammoth) 쇼핑타운을 이루어 쇼핑가로서 일찍이 유명해 졌습니다.

- 영어나 일본어의 간판이 현란하며, 이태원의 야경은 유독 아름답습니다.

〔例6　ソウルタワー〕

- 南山の頂上に高くそびえるソウルタワーは，ソウル市内はもとより，仁川の海も見渡せます。
- 徒歩や車でも登れますが，ロープウェイもあります。
- 高さは海抜480メートルで，食堂，総合娯楽室，記念品店，各種展示室などの施設を備えております。

〔例7　世宗文化会館〕

- 客席4,000席と500名が同時に出演できる舞台，テレビの放送に使用される効果用照明装置，コンピューターで操作される照明装置などが設けられております。
- その他，6カ国語での同時通訳が可能な国際会議場があります。

〔例8　国立中央博物館〕

- 総面積33.608㎡の5階建の本館と3階建の教育館，その他

〔예 6　서울타워〕

• 남산 정상에 높이 솟은 서울타워(tower)는 서울시내는 물론 인천의 바다도 바라다 볼 수 있습니다.
• 도보나 자동차로도 올라갈 수 있습니다만, 케이블카(rope way)도 있습니다.

• 높이는 해발 480m로 식당, 종합오락실, 기념품점, 각종 전시실 등 시설을 갖추고 있습니다.

〔예 7　세종문화회관〕

• 객석 4,000석과 500명이 동시에 출연할 수 있는 무대, 텔레비전 방송에 사용되는 효과용 조명장치, 컴퓨터(computer)로 조작되는 조명장치 등이 설치되어 있습니다.
• 그밖에 6개 국어로 동시통역이 가능한 국제회의장이 있습니다.

〔예 8　국립중앙박물관〕

• 총면적 33,608㎡의 5층건물 본관과 3층건물 교육관, 그밖의 부속

の付属施設を備えていて，伝統的な韓国文化と芸術の粋を集めております。

• 23室に分けられた名展示室には6,690余の文化遺物が整然と陳列されております。

〔例9　ロッテワールド〕

• ロッテワールドは単一レジャー建築物として世界最大で，テーマ公園，民俗館，スポーツセンター，商店街，免税店，デパート，ホテルなどで構成されております。

• 大人には「神秘と童心の世界」が，子供には「冒険と希望」そして「夢の世界」がお待ちしております。

〔例10　仁寺洞〕

• 骨董品街で有名な仁寺洞は，昔からののれんを誇る古美術商や文具店が軒を連ねています。そのショーウィンドーには，陶磁器から書画，毛筆文具などまで，豊かな芸術作品や工

시설을 갖추고 있으며, 전통적인 한국문화와 예술의 정수를 모아 놓았습니다.

- 23실로 나누어진 각 전시실에는 6,690여 개의 문화유적이 질서정연하게 진열되어 있습니다.

〔예 9 롯데월드(Lotte World)〕

- 롯데월드는 단일 레저(leisure) 건축물로서 세계최대로, 테마(thema) 공원, 민속관, 스포츠 센터(sports center), 상점가, 면세점, 백화점, 호텔 등으로 구성되어 있습니다.

- 어른에게는 「신비와 동심의 세계」가, 어린이에게는 「모험과 희망」 그리고 「꿈의 세계」가 기다리고 있습니다.

〔예 10 인사동〕

- 골동품가로 유명한 인사동은 예부터 신용을 자랑하는 고미술상과 문구점이 밀집해 있으며, 그 쇼윈도(show window)에는 도자기에서부터, 서화, 모필문구 등에 이르기까지, 풍부한 예술작품과 공예

芸品が個性豊かに顔を並べられ，旅行者の目を楽しませてくれます。

## 단 어 풀 이

P. 160

①きずく(築ずく)〈他5〉쌓다, 쌓아올리다, 구축하다.
②はじまる(始まる)〈自5〉 시작되다, 나오다.
③うつす(移す)〈他5〉 옮기다, 이동하다, 전염시키다.
④あびる(浴びる)〈他上1〉 받다, 쬐다, 뒤집어쓰다.
⑤ぞくしょう(俗称) 속칭, 통칭, 속명.
⑥たっする(達する)〈自サ変〉 이르다. 도달하다, 달하다.
⑦ともに(共に)〈副〉 다 같이, 함께, 동시에.

P. 162

①あつまる(集まる)〈自5〉 모이다, 모여들다, 집중하다.
②うる(売る)〈 他5〉 팔다, 판매하다, 매각하다.
③こうり(小売り)〈名·他〉 소매.
④みちる(満ちる)〈自上1〉 차다, 가득차다, 만월이 되다.
⑤はやり(流行) 유행.
⑥うらどおり(裏通り) 뒷골목.
⑦おおどおり(大通り) 큰길, 한길.
⑧そう(沿う)〈 自5〉 따르다, 따라가다, 끼다.
⑨あふれる(溢れる)〈自下1〉 넘치다, 넘쳐 흐르다.
⑩とりわけ(取り分け)〈副〉 특히, 유독, 유달리.

P. 164

①そびえる〈自下1〉 높이 솟다, 우뚝 솟다.
②もとより(固より)〈副〉 처음부터, 원래, 물론, 말할 것도 없이.
③みわたす(見渡す)〈他5〉 바라보다, 둘러보다.
④ロープウェイ(rope way) 로프웨이, 케이블카.
⑤そなえる(備える)〈他下1〉 대비하다, 비치하다, 갖추다, 지니다.
⑥コンピューター(computer) 컴퓨터.
⑦もうける(設ける)〈他下1〉 설치하다, 마련하다, 만들다, 달다.

품이 개성적인 모습으로 풍부하게 진열되어 있어 여행자의 눈을 즐겁게 해 줍니다.

P. 166

① 粋を集める 정수를 모으다.
② レジャー(leisure) 레저, 여가.
③ のれん 상점의 신용, 포렴.
④ 軒を連ねる 집이 밀집해 있다, 처마가 줄지어 있다.
⑤ ゆたか(豊か)〈形動〉 풍부함, 유복함, 느긋함.

## 6−2　景福宮観光

〔例1　光化門〕

- あれは光化門といいまして，もともとは景福宮の正門として建てられたものですが，壬辰の乱の時に焼かれてしまいました。
- その後，1867年に大院君が景福宮の再建の時にたてなおしました。
- しかし韓国動乱の時に焼かれてしまい，1968年に，もとの場所に復元して建てられました。

〔例2　敬天寺10層石塔〕

- これは敬天寺10層の石塔といいまして，1384年の高麗末期に，今の板門店の付近の敬天寺に建てられたもので，王家の婚礼を祝って建てられたものです。
- 高さ13.5メートルの大理石であるこの塔は，1907年に日本

# 6-2 경복궁 관광

## 〔예1 광화문〕

• 저것은 광화문이라고 하는데, 원래 경복궁의 정문으로서 건립되었습니다만, 임진란(1592) 때 불타버렸습니다.

• 그후, 1867년에 대원군이 경복궁을 재건할 때 지었습니다.

• 그러나 한국동란 때에 불타버려, 1968년에 다시 원래의 장소에 그대로 복원한 것입니다.

## 〔예2 경천사 10층 석탑〕

• 이것은 경천사 10층 석탑이라고 하며, 1384년 고려말기에 지금의 판문점 부근의 경천사에 세워졌던 것으로, 왕가의 혼례를 경축하여 세워진 것입니다.

• 높이 13.5m의 대리석인 이 탑은, 1907년에 일본 국내성의 고관 다나카미츠아키(田中光顯)라는 사람에 의해서 일본으로 반출되었

宮内省の高官田中光顕という人によって日本へ運び出されましたが，その後(1918年)にこの景福宮に戻って来たのだそうです。

〔例3　景福宮の概観〕

- 景福宮は朝鮮王朝の最初の宮殿で，一番規模が大きいところでございます。
- この宮殿が最初に建てられたのは1394年で，当時は200余棟を越える壮麗な殿閣があったのですが，現在は20余棟の建物しかのこっておりません。今ではただ昔の面影がしのばれるという程度にすぎません。

〔例4　勤政殿〕

- 勤政殿は王様がすべての公式的な政務を執行したところでございます。
- この24個の品階石は，官僚たちの階級をあらわしています。
- 品階石に文武百官がそれぞれのランクにしたがって，あのように居並ぶわけです。

다가 그 후(1918년)에 경복궁으로 돌아왔다고 합니다.

**〔예 3 경복궁 개관〕**

- 경복궁은 조선왕조의 최초의 궁전으로, 가장 규모가 큰 곳입니다.

- 이 궁전이 맨 먼저 세워진 것은 1394년으로, 당시는 200여 동(棟)을 넘는 장려한 전각이 있었습니다만, 현재는 20여 동의 건물밖에 남아 있지 않습니다. 지금은 오직 옛날의 면모를 엿볼 수 있을 정도에 불과합니다.

**〔예 4 근정전〕**

- 근정전은 임금님이 모든 공식적인 정무를 집행하던 곳입니다.

- 여기 24개의 품계석은 관료들의 계급을 표시한 것입니다.

- 품계석에는 문무백관이 각각 그 위계(rank)에 따라서 저처럼 줄서 있게 됩니다.

- 勤政殿の内部は外から見ると2階建ですが，中は吹きぬけ天井になっております。
- あれが王様の玉座で，公の行事や内外の重臣，使節に謁見を給うとき，おすわりになりました。

〔例5　思政殿と千秋殿〕

- 思政殿は勤政殿の便殿で「まつりごとを思う」ということでございます。
- 千秋殿は主に国王が学者達とともに学問を探究していたところで，1443年に韓国の文字，ハングルが作られたのでございます。

〔例6　慶会楼〕

- 慶会楼はもとは中国の使臣をむかえ宴会をもよおすために1412年に建てられたもので，宮中の祝い事とか祝祭日の時に使われました。

- 근정전의 내부는 밖에서 보면 2층 건물입니다만, 안은 층막이가 없고 통층으로 되어 있습니다.
- 저것이 임금님의 옥좌로, 공무나 내외 중신, 사절의 알현을 받으실 때 앉으셨습니다.

### 〔예 5 사정전과 천추전〕

- 사정전은 근정전의 편전으로 「정사를 생각한다」는 것입니다.

- 천추전은 주로 국왕이 학자들과 함께 학문을 탐구하셨던 곳으로, 1443년에 한국 문자인 한글이 만들어 졌던 곳입니다.

### 〔예 6 경회루〕

- 경회루는 원래 중국의 사신을 맞아 연회를 베풀기 위하여 1412년에 지은 것으로, 궁중의 경사나 축제 때 사용하셨습니다.

- 今は主に外国貴賓のレセプション・パーティの場として政府が使っております。
- またあの建物は，48個の花崗岩の荘重なる石の柱からなっており，仏教でいうアミダ様の48の悲願をあらわすそうです。

〔例7　香遠亭〕

- あの蓮池の中にある美しい建物が有名な香遠亭でございます。
- 香りという意味の“香”と，遠いという意味の“遠”と，あずまやの“亭”とつづりまして，「香遠亭」といいます。
- 香遠とは蓮華の花の意味で，これはかぐわしい蓮の花の香りがとおくまでおよぶという意味です。
- 皇帝はこのあずまやへおでましになり，美しい景色を愛でたといいます。

- 지금은 주로 외국 귀빈의 리셉션 파티(reception party) 장소로 정부가 사용하고 있습니다.
- 또한 저 건물은 48개의 화강암으로 된 장중한 돌 기둥으로 되어 있어 불교에서 말하는 아미타여래의 48비원을 나타낸 것이랍니다.

### 〔예 7 향원정〕

- 저 연못 가운데 있는 아름다운 건물이 유명한 향원정(1867년 고종 4년)입니다.
- 향기롭다는 의미의 "향", 멀다는 뜻의 "원", 정자의 "정"을 써서 「향원정」이라 부릅니다.
- 향원이라는 말은 연꽃을 뜻하는 의미로, 이는 연꽃의 향기가 멀리까지 풍긴다는 뜻입니다.
- 황제께서는 이 정자에 납시어 아름다운 경치를 즐기셨다고 합니다.

## 단 어 풀 이

P. 170
①たてる(建てる) 〈他下1〉 (집을) 짓다, 세우다.
②やく(焼く) 〈他5〉 (불에) 태우다, (음식·도자기를) 굽다.
③ふたたび(再び) 〈副〉 두 번, 재차, 다시.
④たてなおす(建て直す) 〈他5〉 개축하다, 재건하다.
⑤いわう(祝う) 〈他5〉 축하하다, 축복하다.

P. 172
①もどる(戻る) 〈自5〉 (본래의 자리로) 돌아오다, 돌아가다.
②ととのう(整う) 〈自5〉 정돈되다. 갖추어지다, 일치하다.
③こえる(越える) 〈自下1〉 넣다, 넘어가다, 지나다.
④そうれい(壮麗) 〈形動〉 장려함.
⑤のこる(残る) 〈自5〉 남다, 살아 남다, 전해지다.
⑥おもかげ(面影) (옛날의) 모습, (기억 속에 떠오르는) 모습.
⑦あらわす(表す) 〈他5〉 표시하다, 표현하다, 나타내다.
⑧それぞれ 〈名·副〉 각자, 각기.
⑨ランク(rank) 랭크, 순위를 정함.
⑩したがう(従う) 〈自5〉 따라가다, 따르다. 〈「～に. ～って」의 꼴로〉 ～에 따라.
⑪いならぶ(居並ぶ) 〈自5〉 늘어앉다, 줄지어 앉다.

P. 174
①ふきぬき(吹き抜き) 통풍이 잘됨, (2층으로 짓지 않고) 천장을 높이 지은 건축 구조 =ふきぬけ.
②たまう(給う) 〈他5〉 주시다, 내리시다.
③すわる(座る) 〈自5〉 앉다, 들어 앉다.
④まつりごと(政) 정사, 정치.
⑤むかえる(迎える) 〈他下1〉 (사람을) 맞다, 맞이하다, 맞아들이다.
⑥もよおす(催す) 〈他5〉 개최하다, 열다, 느끼게 하다.

P. 176

① れんげ(蓮花) 연꽃.
② はすいけ(蓮池) 연꽃.
③ あずまや(東屋) 정자.
④ つづる(綴る) 〈他5〉 (문장을) 짓다, 쓰다.
⑤ およぶ(及ぶ) 〈自5〉 미치다, 파급하다.
⑥ おでまし(御出座し) 행차하심, 납심.
⑦ かぐわしい(芳しい) 〈形〉 향기롭다, 아름답다.
⑧ めでる(愛でる) 〈他下1〉 즐기다, 귀여워하다, 사랑하다, 탄복하다.

# 6−3　昌徳宮観光

## 〔例1　昌徳宮の概観〕

- これは敦化門といいまして，昌徳宮の正門としてたてられたものなんです。
- 昌徳宮は国王の居城景福宮が建てられてから11年目，1405年に離宮として造営されたもので，景福宮につづき，2番目に建てられた宮殿でございます。
- 李朝5大宮のひとつである昌徳宮は，李朝の王宮として295年間13代の王が政務をつかさどったところです。
- 現在のこの建物は1592年の壬辰の乱の時に焼かれてしまった後に，1611年に再建されたものです。

## 〔例2　仁政殿〕

- ここが仁政殿の本宮で王様が文武百官の朝賀をうけたところで,この宮殿の中心の建物でございます。
- この殿堂は2層の基壇の上に重層で建てられ，屋根が

# 6−3 창덕궁 관광

## 〔예 1 창덕궁 개관〕

• 이것은 돈화문이라고 하는데, 창덕궁의 정문으로 건립된 것입니다.

• 창덕궁은 국왕의 거성 경복궁이 건립되고 다시 11년째인 1405년에 별궁으로서 조영되었던 것으로, 경복궁 다음으로 두번째로 지은 궁전입니다.

• 이조 5대궁의 하나인 창덕궁은 이조의 왕궁으로 295년간 열 세분의 왕이 정무를 맡았던 곳이기도 합니다.

• 현재의 이 건물은 1592년 임진란 때 불타버리고, 1611년에 재건되었습니다.

## 〔예 2 인정전〕

• 여기가 인정전의 본궁으로서 왕이 문무백관의 조하를 받던 곳으로, 이 궁전의 중심 건물입니다.

• 이 전당은 2층 기단 위에 중층으로 세워져, 지붕이 장중하며, 내

壮重であり，内部は吹きぬけ天井になっております。

- この中は王家の衣裳，冠，写真をはじめ，生活備品など王室の遺物展示場に使われております。

〔例3　大造殿〕

- 国王と王妃が起居したところで，近代ヨーロッパの高価な生活用品が備わっていて当時の王宮生活の一端をのぞくことができます。

〔例4　宣政殿〕

- 宣政殿は仁政殿の便殿で，国王の執務所であったところでございます。
- この建物の青瓦は世界でも非常にまれなもので，各瓦には竜の紋がきざまれております。

〔例5　楽善斉〕

- 楽善斉は1846年に建てられた建物で，朝鮮王朝末期の典型的な邸宅でございます。

부는 통층(通層)으로 되어 있습니다.

- 이 안에는 왕가의 의상, 관, 사진을 비롯해서 생활비품 등 왕실의 유물 전시장으로 사용하고 있습니다.

〔예 3 대조전〕

- 국왕과 왕비가 기거했던 곳으로, 근대 유럽(Europe)의 값진 생활용품이 갖추어져 있어 당시의 왕궁생활 일면을 엿볼 수 있습니다.

〔예 4 선정전〕

- 선정전은 인정전의 편전으로, 국왕의 집무실이었던 곳입니다.

- 이 건물의 청기와는 세계에서도 아주 드문 것으로, 각 기와에는 용의 무늬가 새겨져 있습니다.

〔예 5 낙선제〕

- 낙선제는 1846년에 세워졌던 건물로, 조선왕조 말기의 전형적인 저택입니다.

• 当初は国喪に出会った王妃たちの居所で，他の建物とちがって丹ぬりがない素朴な建物でございます。

**단 어 풀 이**

P. 180
①きょじょう(居城) 거성, 거처하는 성.
②りきゅう(離宮) 이궁, 별궁(別宮)
③ぞうえい(造営) 조영, (궁전이나 절·신사 등을) 건축하는 일.
④つづき(続き) 계속, 연결.
⑤つかさどる(司る) 〈他5〉 관장하다, 담당하다, 관리하다.
⑥ちょうが(朝賀) 조하, 임금에게 하례함, 신년 하례.
⑦やね(屋根) (건물의) 지붕, 덮개.

P. 182
①つかう(使う) 〈他5〉 사용하다, 쓰다, 소비하다.
②ききょ(起居) 〈名·自〉 기거, 행동 거지, 일상 생활.
③そなわる(備わる) 〈自5〉 갖추어지다.
④のぞく 〈他5〉 엿보다, 내려다보다, 잠깐 들여다보다.
⑤ひじょう(非常) 〈名〉 비상. 〈形動〉 대단히, 매우.
⑥まれ(希) 〈形動〉 좀처럼 없음, 희귀한
⑦もん(紋) 무늬, 가문.
⑧きざむ(刻む) 〈他5〉 조각하다, 새기다, 잘게 썰다, (마음에) 새기다.
⑨であう(出会う) 〈自5〉 만나다, 마주치다, 당하다.
⑩きょしょ(居所) 거처＝いどころ
⑪ちがう(違う) 〈自5〉 다르다, 틀리다, 잘못되다.
⑫にぬり(丹塗り) 붉은 칠을 함, 그렇게 칠한 것.
⑬そぼく(素朴) 〈名·形動〉 소박함, 꾸민데가 없음, 유치함.

• 당초는 국상을 만났던 왕비들의 거처로, 다른 건물과는 달리 화려한 단청이 없는 소박한 건물입니다.

## 6–4　秘苑観光

〔例1　秘苑の概観〕

- 秘苑は変化無双な自然をそのまま生かし，若干の人工を加えて飾った自然の庭園で，朝鮮王朝時代の情緒あふれる文字通りの秘苑でございます。
- この自然美が秘苑の秘苑らしい特長であり，韓国庭園の特色でもあります。

〔例2　芙蓉亭〕

- 芙蓉亭は王様が酒盛りをしたり，釣りを楽しんだところで，春ともなれば紅白の蓮の花が一面に咲いてみるからに高尚な雰囲気をただよわせております。

〔例3　暎花堂〕

- あれは暎花堂といいまして，国王親臨のもとに文武の科挙がおこなわれたところでございます。
- 科挙と申しますのは，昔の官吏登用の試験で，「科目」によって官吏を「挙用」するという意味です。

# 6—4 비원 관광

〔예 1 비원 개관〕

- 비원은 변화무쌍한 자연을 그대로 살려, 약간의 인공을 가미해 꾸민 자연 정원으로, 조선왕조 시대의 정취가 넘치는 문자 그대로의 비원입니다.
- 이 자연미가 비원의 비원다운 특징이며, 한국 정원의 특색이기도 합니다.

〔예 2 부용정〕

- 부용정은 왕이 술잔치를 하기도 하고, 낚시를 즐긴 곳으로, 봄이 되면 홍백의 연꽃이 일면에 피게 되어, 보기에도 고상한 분위기를 풍깁니다.

〔예 3 영화당〕

- 저것은 영화당이라고 해서, 국왕 참석하에 문무의 과거가 행하여진 곳입니다.
- 과거라고 하는 것은, 옛날의 관리등용 시험으로, 「과목」에 의해서 관리를 「기용」한다는 뜻입니다.

〔例4　宙合楼〕

• 宙合楼は王が宴会を楽しみ清遊した所で，掛かっている扁額は粛宗の親筆でございます。

〔例5　演慶堂〕

• 1828年に民家にならって建てられた演慶堂は，むかし民間人は地位の高低をとわず，100間以上の家を建てられなかったので，99間になっております。

**단 어 풀 이**

P. 186
①そのまま〈副〉 그대로, 바로, 곧, 꼭 닮음.
②いかす(生かす)〈他5〉 살리다, 살려두다, 되살리다.
③くわえる(加える)〈他下1〉 더하다, 내다, 보태다, 가산하다.
④かざる(飾る)〈他5〉 꾸미다, 치장하다, 장식하다.
⑤あふれる(溢れる)〈自下1〉 넘치다, (감정 등이) 넘쳐 흐르다.
⑥とおり(通り) 길, 거리, 유통, ～대로.
⑦らしい ～인 듯하다, ～인 것 같다, ～인 모양이다.
⑧ただよわす(漂わす)〈他5〉 띄우다.
⑨さかもり(酒盛り)〈名·自〉 주연, 술잔치
⑩おこなわれる(行われる)〈自下1〉 실시되다, 거행되다, 널리 퍼지다.
⑪きょよう(挙用)〈名·他2〉 등용, 기용, 발탁.
⑫じょうちょ(情緒) 정서, 정취(情趣)

〔예 4 주합루〕

• 주합루는 왕이 연회를 즐기셨던 곳으로, 걸려 있는 액자는 숙종의 친필입니다.

〔예 5 연경당〕

• 1828년에 민가를 본따서 세운 연경당은, 옛날 민간인은 지위의 고하를 막론하고 100칸 이상의 집을 지을 수가 없었으므로, 99칸으로 되어 있습니다.

P. 188
① せいゆう(清遊) 〈名·自〉 청유, 풍유놀이.
② かかる(掛かる) 〈自5〉 걸리다, 걸치다, 잡히다.
③ へんがく(扁額) 편액, 가로로 긴 액자.
④ こうてい(高低) 고저, 높고 낮음, 고하.

# 6–5　ソウル近郊観光

## 〔例1　韓国民俗村〕

• 韓国民俗村は韓国の古来から伝わる民俗風習，主として200年ほど前の朝鮮時代の風俗をそのまま再現して観光客のみなさんにとって，よい観光の対象となるようにとの目的から人工的につくられたものでございます。

• 今韓国ではどこへ行っても，わらぶきの屋根は見られませんが，民俗村は昔さながらの生活がそのまま見られることができて，たいへん興味深いところです。

• こちらが公演場でございまして，1日2回，いろいろの民俗ぶようや農楽が公演され，またあの屋内公演場では韓国の固有の人形おどりや仮面げきなどももよおされます。

# 6-5 서울 근교 관광

## 〔예1 한국 민속촌〕

- 한국 민속촌은 한국의 예로부터 전해 내려오는 민속 풍속, 대체로 200년 정도 전의 조선시대의 풍속을 그대로 재현해 관광객 여러분에게도 좋은 관광의 대상이 될 수 있게 하기 위한 목적에서 인위적으로 만들어진 것입니다.
- 지금 한국에서는 어디에 가도 초가 지붕을 볼 수 없습니다만, 민속촌은 옛날대로의 생활을 그대로 볼 수 있어 대단히 흥미로운 곳이기도 합니다.
- 여기가 공연장으로 하루에 두 번 여러 가지 민속 무용이나 농악이 공연되고, 또 저 옥내 공연장에서는 한국 고유의 인형춤이랑 가면극 등이 베풀어지고 있습니다.

〔例2　利川〕

- 古くから陶磁器の故郷として知られる利川，良質の土と水に恵まれたこの田園には，高麗青磁，朝鮮白磁などの千年以上の陶工技術を受けつぐ陶芸作家たちが開く窯場があります。

- 現在利川は40ケ所の窯場が密集している韓国唯一の陶芸村でございます。
- また窯場では製作現場が見学できますし，作品の展示即売もしております。

〔例3　臨津閣〕

- 臨津閣は共産赤徒の北韓を脱出し，自由を求めて南下した500万南下同胞たちが，秋夕(秋のお盆)には望郷祭，正月には年始祭を行なうところで，意義深い観光名所となっております。
- ここで「自由の橋」をお渡りになりますと，非武装地帯の板門店でございます。

〔예 2 이천〕

• 오래전부터 도자기의 고향으로서 알려진 이천, 양질의 흙과 물이 풍족한 이 전원에는 고려청자, 조선백자 등의 천년 이상의 도공기술을 이어받아 도예작가들이 개장한 도요지가 있습니다.

• 현재 이천은 40개소의 도요지가 밀집해 있는 한국 유일의 도예촌입니다.

• 또 도요지에는 제작 현장을 견학할 수 있으며, 작품의 전시, 판매도 하고 있습니다.

〔예 3 임진각〕

• 임진각은 공산적도의 북한을 탈출해, 자유를 찾아 남하한 500만 남하 동포들이 추석에는 망향제, 정월에는 신년제를 거행하고 있는 곳으로, 의미 깊은 관광명소로 되었습니다.

• 여기서 「자유의 다리」를 건너시면 비무장 지대의 판문점입니다.

〔例4　板門店〕

- 板門店はソウルの北方60kmのところにありまして，軍事境界線（休戦ライン）を中心に南北各2kmにわたって設けられた非武装地帯の真ん中を指しております。
- ここは1950年から3年間にわたった韓国戦争の休戦協定が結ばれた所でございます。
- 板門店観光は個人的に出かけることはできませんが，大韓旅行社(KTB)が運営している板門店ツアーに参加する方法がございます。この場合，事前にご予約が必要です。

〔例5　仁川〕

- ソウルの西45kmにある人口256万人広域市，仁川は 釜山につぐ韓国第2の港湾都市で，潮の干満の差が大きいことでも知られております。
- 古くから中国との交易があり，韓国では珍しい中国人街があります。

### 〔예 4 판문점〕

- 판문점은 서울의 북방 60㎞의 곳에 있으며, 군사 분계선(휴전선)을 중심으로 남북 각 2㎞에 걸쳐 설치된 비무장 지대의 한가운데를 가리키고 있습니다.
- 이곳은 1950년부터 3년간에 걸친 한국 전쟁의 휴전 협정이 맺어진 곳입니다.
- 판문점 관광은 개인적으로 관광할 수 없습니다만, 대한여행사(KTB)가 운영하고 있는 판문점관광에 참가하는 방법이 있습니다. 이 경우, 사전에 예약이 필요합니다.

### 〔예 5 인천〕

- 서울의 서쪽 45km에 있는 인구 256만명의 광역시, 인천은 부산에 이어 한국 제2의 항만도시로, 조수간만의 차가 큰 것으로도 알려져 있습니다.
- 예부터 중국과의 교역이 있어 한국에서는 보기 드문 중국인가(街)가 있습니다.

• 自由公園(じゆうこうえん)からは仁川港(こう)や江華島が見渡(みわた)せ，松島海水浴場(かいすいよくじょう)や松島レジャーランドもあります。

## 단 어 풀 이

P. 190

①こらい(古来) 고래, 예로부터.
②つたわる(伝わる)〈自5〉전해지다, 전해 내려오다, 전수되다.
③そのまま〈副〉그대로, 바로, 곧.
④つくる(作る)〈他5〉만들다, 만들어 내다, 제조하다, 육성하다.
⑤わらぶき (지붕을)짚으로 임, 초가지붕.
⑥さながら(宛ら)〈副〉마치, 꼭, 그대로, 그냥.
⑦興味深い 흥미있는.
⑧もよおす(催す)〈他5〉개최하다, 느끼게 하다, 열다.

P. 192

①ふるい(古い)〈形〉오래다, 오래되다, 구식이다.
②めぐまれる(恵まれる)〈自下1〉축복받다, 풍족하다, 많다.
③うけつぐ(受け継ぐ)〈他5〉이어받다, 계승하다.
④ひらく(開く)〈自他5〉열리다, 열다, 시작하다.
⑤そくばい(即売)〈名·他〉직매.
⑥もとめる(求める)〈他下1〉청하다, 요청하다, 구하다, 찾다.
⑦おこなう(行なう)〈他5〉하다, 실시하다.
⑧わたる(渡る)〈自5〉건너다, 지나가다, 걸치다, 미치다.
⑨もうける(設ける)〈他下1〉만들다, 설치하다, 달다.

• 자유 공원에서는 인천항과 강화도를 볼 수 있으며, 송도 해수욕장과 송도 레저렌드(leisure land)도 있습니다.

P. 194
①まんなか(真ん中) 한가운데, 한복판, 중간.
②さす(指す) 〈他5〉 가리키다, 향하다, 지목하다.
③むすぶ(結ぶ) 〈自5〉 맺히다, 맞붙다. 〈他5〉 잇다, 연결하다.
④でかける(出掛ける) 〈自下1〉 나가다, 나가려고 하다.
⑤つぐ(次ぐ) 〈自5〉 다음가다, 버금가다, 뒤따르다.
⑥しお(潮) 조수, 바닷물.
⑦めずらしい(珍らしい) 〈形〉 드물다, 진귀하다, 새롭다.
⑧みわたす(見渡す) 〈他5〉 바라보다, 둘러보다.

# 6-6　慶州観光

〔例1　慶州の概観〕

- 新羅の都，慶州は仏国寺，石窟庵をはじめ，石仏，石塔などが仏教文化の粋と芸術性の高さを今日に伝え，国際観光地となっております。
- 特に慶州は，それ自体が「屋根のない博物館」「壁のない博物館」などと呼ばれるほどで市内の全域に散在している数多くの遺跡は，昔のさんらんたる面影をしのばせております。

〔例2　普門湖リゾート〕

- この普門湖リゾートは新羅文化圏の開発計画の一環として，伝統的な建築スタイルと現代的な設備との調和が図られ，ホテルやマリナーの屋根には仏教建築や宮殿様式が取り入れられております。

- その他，ゴルフ場，ショッピングセンター，国際会議場などがございます。

# 6—6 경주 관광

## 〔예 1 경주 개관〕

• 신라의 수도 경주는 불국사, 석굴암을 비롯해 석불, 석탑 등이 불교문화의 멋과 예술성의 극치를 오늘 날에 전하여 국제관광지로 되었습니다.

• 특히 경주는 그 자체가 「지붕이 없는 박물관」「벽이 없는 박물관」 등으로 불리울 정도로, 시내 전역에 산재한 수많은 유적은 옛날의 찬란한 면모를 되새기게 합니다.

## 〔예 2 보문호 리조트(resort)〕

• 이 보문호 리조트는 신라문화권의 개발계획의 일환으로 전통적인 건축 스타일(style)과 현대적인 설비와의 조화를 도모하여, 호텔이나 마리너(mariner)의 지붕에는 불교 건축과 궁전양식이 도입되었습니다.

• 그밖에 골프(golf)장, 쇼핑센터(shopping center), 국제회의장 등이 있습니다.

## 〔例3　仏国寺〕

- きらびやかな新羅文化の根幹であり民族文化の精華であると言われる仏国寺は，雲を吸い，かつ吐くという吐含山の中腹に位置しております。
- 7点の国宝を所蔵しているこの名刹は，今から1,440余年，新羅の法興王22年(535年)に王母迎帝夫人が国泰民安をいのって創建されたともいわれております。

- しかし一説によれば，新羅の景徳王743～764年の時の宰相 金大成という人が父母の極楽長生をいのって建てたものだといわれております。
- いずれにしても，千何百年もの歴史をもっていることになりますが，きらびやかな新羅文化の一つの象徴だといえるでしょう。

### 〈蓮花橋・七宝橋〉

- 国宝第22号で，下の方の橋が蓮花橋，上の方が七宝橋でご

### 〔예 3 불국사〕

• 찬란한 신라문화의 근본이며 민족문화의 정수라고 불리우는 불국사는 구름을 머금다가 다시 내뿜는다고 하는 토함산 중턱에 위치하고 있습니다.

• 일곱 점의 국보를 소장하고 있는 이 유명한 절은 지금부터 1,440여년전 신라의 법흥왕 22년(535년)에 왕모 영제 부인이 국태민안을 기원해 창건했다고도 합니다.

• 그러나, 일설에 의하면 신라 경덕왕 743~764년에 제상 김대성이란 사람이 부모의 극락 장생을 기원하여 창건한 것이라고 합니

• 어떠하든 천 수백 년이나 되는 역사를 가지고 있다는 것인데, 찬란한 신라 문화의 하나의 상징이라고 할 수 있겠지요.

**〈연화교 · 칠보교〉**

• 국보 제22호로, 아래 쪽의 다리가 연화교, 윗 쪽이 칠보교입니다.

ざいます。

- この石段はおのおの45度のけいしゃでゆうがな調和を見せており，正面の極楽殿につうじております。

〈青雲橋・白雲橋〉

- 国宝第23号の青雲橋・白雲橋は，仏教真理の奥深さを思想的に物体化したものだといわれております。
- 橋の下の方の部分はアーチ形に築造され通行できるようになっており，その構造の奇妙さと技巧の洗練さは韓国石橋の精髄だと評価されております。

〈多宝塔〉

- 多宝塔は高さ10.4mの純白花崗岩石塔で，新羅景徳王時代の建造物でございます。
- 国宝第20号のこの塔は，まるで木造のように精巧な手法と優れた形態は，東洋仏教国の中でも類まれな新羅芸術の極致だといわれております。

- 이 돌 계단은 각각 45도의 경사로서 우아한 조화를 보이고 있어, 정면의 극락전으로 통하고 있습니다.

〈**청운교 · 백운교**〉

- 국보 제23호 청운교 · 백운교는 불교 진리의 심오함을 사상적으로 형상화한 것이라고 말하고 있습니다.
- 다리 아래 쪽의 부분은 아치형으로 축조되어 통행할 수 있도록 되었으며, 그 구조의 기묘함과 기교의 세련됨은 한국 석교(돌다리)의 정수라고 평가되고 있습니다.

〈**다보탑**〉

- 다보탑은 높이 10.4m의 순백색 화강암 석탑으로, 신라 경덕왕 시대의 건조물입니다.

- 국보 제20호의 이 탑은 마치 목조처럼 정교한 수법과 뛰어난 형태는 동양 불교국가 중에서도 유례가 드문 신라 예술의 극치라고 말하고 있습니다.

〈釈迦塔〉

• この釈迦塔は国宝第21号で，高さ8.2m，そのかんけつで，ちょくせんてきな線のうつくしさは，かんぜんな安定感をもっております。

• この塔を造るために遠く百済から連れてこられた石工と夫をたずねてはるばる慶州におもむいたその妻との哀しい伝説から，一名無影塔とよばれております。

〔例4　石窟庵〕

• 石窟庵は，インドのアジャンタ洞窟，中国の雲崗・竜門などとともに，アジアの3大洞窟寺院の一つといわれております。

• この釈迦像は，高さ3.48mで，新羅の景徳王10年(751年)に宰相，金大成が30余年かかって創建したと

〈**석가탑**〉

• 이 석가탑은 국보 제21호로, 높이 8.2m로, 그 간결하고 직선적인 선의 아름다움은 완전한 안정감을 갖고 있습니다.

• 이 탑을 만들기 위해 멀리 백제에서 데려온 석공과 남편을 찾아 멀리 경주까지 온 그의 처와의 슬픈 전설에서 일명 무영탑이라고 부르고 있습니다.

**〔예 4 석굴암〕**

• 석굴암은 인도(India)의 아잔타 동굴, 중국의 운강·용문 등과 더불어 아시아(Asia)의 3대 동굴 사원의 하나라 일컬어지고 있습니다.

• 이 석가상은 높이 3.48m로, 신라 경덕왕 10년(751년)에 재상 김대성이 30여 년에 걸려서 창건했다고 하며, 인조 석굴 중에서 가

いわれており，人造石窟の中で，もっとも精巧さをあらわしているといわれております。

- 特にこの石窟庵は，天井の上に空間があり，その上にももう一つの天井があるという，二重構造がほどこされております。
- それから，壁のうしろのほうにも，巨大な石材をつみかさねて，けんごな保護壁をつくり，ここに炭をくだきこんで，湿度ちょうせつにかんぺきをはかっております。

〔例5　国立慶州博物館〕

- 慶州博物館には，新羅文化に関するものについて秀でたものが集められております。
- 敷地2万余つぼに，たてつぼは約2,500余つぼにいたる，この博物館には，韓国最高水準のものが多く展示されております。

- これは新羅時代最大の釣鐘とされる25トンの聖徳大王の神の鐘で，鋳造時に女の子が溶けた金属の中に投げ込まれ，「エミレ，エミレ(母さん)」と叫んだため，鐘をつくと「エミレー，エミレー」と鳴り響くと言われております。

장 정교함을 나타내고 있다고 합니다.

- 특이 이 석굴암은 천장 위에도 공간이 있으며, 그 위에도 하나 더 천장이 있어, 2중 구조를 하고 있습니다.
- 그리고, 벽 뒤에도 거대한 석재를 쌓아서 견고한 보호벽을 만들고, 여기에 숯을 부수어 넣어서 습도 조절에 완벽을 꾀하고 있습니다.

### 〔예 5 국립경주박물관〕

- 경주 박물관에는 신라 문화에 관련된 우수한 것이 결집되어 있습니다.
- 부지 2만여 평에, 건평은 약 2,500여 평에 이르는 이 박물관에는 한국 최고 수준의 것이 많이 전시되어 있습니다.

- 이것은 신라시대 최대의 범종이라고 불리우는 25톤의 성덕대왕 신종으로, 주조시에 여자아이를 녹아진 금속 안으로 집어 넣자 「에밀레, 에밀레(어머니)」라고 부르짖어, 종을 치면 「에밀레ー, 에밀레ー」라고 울려 퍼진다고 말하고 있습니다.

〔例6　瞻星台〕

- 瞻星台は647年に建てられた東洋最古の天文台で，1年を表わす365個の花崗岩を27段に積んだ高さ約9.2mの円筒状の塔でございます。

- 底の水鏡と窓にさし込む光で天文を観測したと伝えられておりますす。

〔例7　天馬塚〕

- 天馬塚は1973年に発掘した古墳の副葬品の中に，天馬を描いた白樺の樹皮製の馬具があったため，天馬塚と呼ばれております。

- 出土品は金冠，各種装身具，容器，武器，馬具など11,526点にのぼります。
- 現在，出土遺物は慶州博物館に陳列されております。

〔예 6 첨성대〕

- 첨성대는 647년에 세워진 동양 최고의 천문대로, 1년을 나타내는 365개의 화강암을 27단으로 쌓은 높이 9.2m의 원통형의 탑입니다.

- 바닥의 물거울과 창문에 들어온 빛으로 천문을 관측했다고 전해지고 있습니다.

〔예 7 천마총〕

- 천마총은 1973년에 발굴한 고분의 부장품 중에, 천마를 그린 자작나무 수피제의 마구가 있다 해서, 천마총이라고 부르고 있습니다.

- 출토품은 금관, 각종 장신구, 용기, 무기, 마구 등 11,562점에 달합니다.

- 현재 출토 유물은 경주 박물관에 진열되어 있습니다.

## 단 어 풀 이

P. 198

①いき(粋)〈名·形動〉멋짐, 세련됨.
②おもかげ(面影) (옛날의) 모습.
③しのばせる(忍ばせる)〈他下1〉숨기다, 몰래 품다.
④はかる(図る)〈他5〉 재다, 헤아리다, 예측하다, 도모하다, 꾀하다.
⑤とりいれる(取り入れる)〈他下1〉도입하다, 받아들이다.

P. 200

①きらびやか(煌びやか)〈形動〉화려함, 현란함.
②せいか(精華) 정화, 정수.
③かつ(且つ)〈副〉동시에, 또한, 바로, 곧,〈接〉또, 그 위에.
④はく(吐く)〈他5〉토하다, 내뱉다, 내뿜다.
⑤いのる(祈る)〈他5〉빌다, 기도하다, 바라다.

P. 202

①ゆうが(優雅)〈名·形動〉우아, 고상함.
②つうじる(通じる)〈自上1〉통하다, 이르다, 연결되다.
③くずれる(優れる)〈自下1〉뛰어나다.
④たぐい(類比) 유례, 비길 데 없는 것.
⑤おくぶか(奥深) 심오(深奥)한.

P. 204

①つれる(連れる)〈他下1〉데리고 가(오)다.〈自下1〉따르다.
②はるばる〈副〉멀리.
③おもむく〈自5〉가다, 향하다, 들어서다.
④かなしい(哀しい)〈形〉슬프다.

P. 206

①あらわす(表す)〈他5〉나타내다, 표현하다, 표시하다.
②ほどこす(施す)〈他5〉행하다. (면목·대책을) 세우다, (장식 등을) 하다.
③つみかさねる(積み重ねる)〈他下1〉포개어 쌓다, 쌓아 올리다.
④くだく(砕く)〈他5〉부수다, 깨뜨리다, 꺾다.
⑤ひいでる(秀でる)〈自下1〉뛰어나다, 빼어나다.
⑥いたる(至る)〈自5〉이르다, 다다르다.
⑦つりがね(釣り鐘) 조종, 범종.
⑧とける(溶ける)〈自下1〉녹다.
⑨なげこむ(投げ込む)〈他5〉집어(던져) 넣다, 처넣다.
⑩さけぶ(叫ぶ)〈自5〉부르짖다, 외치다, 주장하다.
⑪なりひびく〈自〉울려 퍼지다, 떨치다.

P. 208

①さしこむ(差し込む)〈自5〉(햇빛이) 들어오다.〈他5〉꽂다.
②えがく(描く)〈他5〉그리다, 묘사하다.
③のぼる〈自5〉오르다, 달하다, 이르다.

## 6−7　釜山観光

### 〔例1　釜山の概観〕

- 釜山は韓国の東南端に位置する海上交通の要衝地として歴史的に外国文物の輸入関門の役割をしてきました。
- 1876年に国際港として開港して以来現代式の港湾施設を完備した国際貿易港として発展した商工業都市でございます。
- 人口 380 万人，面積 434㎢ の釜山は洋洋たる大海に面した天恵の良港として海水浴場を始め温泉地，名勝地，遊園地など豊富な観光資源と施設を具備した国際観光都市として脚光を浴びております。

### 〔例2　竜頭山公園〕

- 市内中央の丘の上にある公園で，山頂一円は市民公園になっております。
- 釜山市のシンボルである高さ118 m の釜山タワーがそびえております。
- このタワーにのぼれば，釜山市内はもちろんのこと対馬までも見えます。
- この銅像は壬辰の乱の当時海の守護神としてあがめられた

# 6—7 부산 관광

## 〔예 1 부산 개관〕

- 부산은 한국의 동남단에 위치하는 해상교통의 요충지로서 역사적으로 외국 문물 수입관문의 역할을 해왔습니다.
- 1876년에 국제항으로서 개항한 이래 현대식 항만시설을 완비한 국제무역항으로서 발전한 상공업 도시입니다.
- 인구 380만명, 면적 434㎢의 부산은 넘쳐 흐르는 대해에 면한 천혜의 좋은 항구로서 해수욕장을 비롯해서 온천지, 명승지, 유원지 등 풍부한 관광자원과 시설을 구비한 국제관광도시로서 각광을 받고 있습니다.

## 〔예 2 용두산 공원〕

- 시내 중앙 언덕위에 있는 공원으로, 정상일대는 시민공원으로 되어 있습니다.

- 부산시의 심볼(symbol)인 높이 118m의 부산타워(tower)가 우뚝 솟아 있습니다.
- 이 부산타워에 오르면 부산 시내는 물론 쓰시마까지도 보입니다.

- 이 동상은 임진란 당시 바다의 수호신으로 숭배되었던 이순신 장

李舜臣将軍でございます。そして，あちらにあるのは，韓国動乱の戦没勇士に捧げられた忠魂塔でございます。

〔例3　水産市場〕

- 全国一の魚市場で，通称ジャガルチ市場と呼ばれ，港町の活気が肌で感じられます。

- 朝早くから行われる鮮魚のせり売りには各地から多数の仲買人が集まります。
- また生きでる鮑，ホヤ，蛸，アナゴ，太刀魚などを広げた露店が道の両側にびっしりと並び，道行く人に争うように声をかけます。
- 特に水揚げされた鮮魚を，その場で，食べられるように刺身やてんぷらにしてくれますし，海苔，鯛の干物，明太子などが日本に比べてかなり安く手に入れられます。

〔例4　五六島〕

- むこうに見えますのが，釜山の象徴，五六島でございます。
- 五六島は島というよりは大きな岩に過ぎませんが，島が五つ

군입니다. 그리고 저 쪽에 있는 것은 한국동란 전몰용사에게 바쳐졌던 충혼탑입니다.

〔예3 수산시장〕

- 전국 유일의 어시장으로, 통칭 자갈치 시장이라고 부르며, 항구도시의 활기를 표면으로 느낄 수 있습니다.
- 아침 일찍부터 거행되는 생선 경매에는 각지로부터 많은 중개인이 모여 듭니다.

- 아직 살아있는 전복, 멍게, 낙지, 붕장어, 갈치 등 노점이 길 양쪽에 꽉 들어서 있으며, 행인에게 다투듯이 소리쳐 부릅니다.

- 특히 어획된 생선을 그 장소에서 먹을 수 있도록 생선회나 튀김을 요리해 주기도 하며, 김, 도미 건어물, 명란 등이 일본에 비해서 꽤 싸게 살 수 있습니다.

〔예4 오륙도〕

- 저기에 보이는 것이 부산의 상징 오륙도입니다.
- 오륙도는 섬이라기보다는 큰 바위에 지나지 않습니다만, 섬이 다

に見えたり六つに見えたりするので，五六島と呼ばれました。

〔例5　太宗台〕

- 新羅の太宗武烈王がここに立ち寄り、軍隊を訓練させたといわれ，太宗台と呼ばれました。
- 4kmの一周道路を通って展望台にのぼれば，釜山沖のシンボル五六島が見えますし，晴れた日には水平線に対馬の島影を見ることができます。

〔例6　海雲台〕

- 釜山といいますと，まず何よりも，みのがせないのが，海雲台のビーチでございます。

- 韓国八景の一つとして知られ，夏には全国から避暑客が最も多く集まります。
- 白い砂浜の長さが1.8kmである海雲台は，伝えられているところによりますと，新羅時代の碩学，孤雲(あるいは海雲) 崔致遠先生が伽倻山

섯개로 보이기도 하고 여섯개로 보인다고 해서 오륙도로 불리워졌습니다.

〔예 5 태종대〕

- 신라의 태종무열왕이 여기에 모여 군대를 훈련시켰다 해서 태종대라고 부르게 되었습니다.
- 4㎞의 일주도로를 따라가다 전망대에 오르면, 부산 앞바다의 심볼 오륙도가 보이며, 맑은 날에는 수평선으로 쓰시마의 섬 모습을 볼 수 있습니다.

〔예 6 해운대〕

- 부산이라고 하면, 우선 무엇보다도 빼놓을 수 없는 것이 해운대 비치입니다.
- 한국 8경의 하나로서 손꼽으며, 여름에는 전국에서 피서객들이 가장 많이 몰려듭니다.

- 백사장의 길이가 1.8㎞인 해운대는, 전해 오는 말에 의하면, 신라시대의 석학 고운(혹은 해운) 최치원 선생이 가야산으로 들어가

に入山する途中ここにより西南側の冬栢島南端の岩に彼の別号 (海雲) と刻まれたことから今日の地名が生まれたといわれております。

〔例7　UN墓地〕

• 世界に一つしかないUN墓地には，6·25動乱時戦死した自由友邦11個国の2,293基の英霊が安置されております。
• 毎年30万人以上の参拝客が後をたたず訪れ，特に外国人観光客には忘れられない名所になっております。

단 어 풀 이

P. 212
① ようよう(洋洋) 망망, 물이 넘칠 듯이 가득함.
② りょうこう(良港) 양항, 좋은 항구.
③ あびる(浴びる) 〈他上1〉 들쓰다, 받다.
④ あがめる(崇める) 〈他下1〉 우러르다, 숭상하다, 공경하다.

P. 214
① ささげる(捧げる) 〈他下1〉 받들다, 바치다.
② はだ(肌) 피부, 표면, 겉.
③ 競り売り(せりうり) 〈名·他〉 경매.
④ うごく(動く) 〈自5〉 움직이다, 변하다, 작동하다.
⑤ ひろげる(広げる) 〈他下1〉 넓히다, 펼치다, 어질러 놓다.

는 도중 여기에서 서남쪽 동백도 남단 바위에 그의 호(해운)를 새겼던 일에서 오늘날의 지명이 생겼다고 말하고 있습니다.

〔예 7 유엔 묘지〕

- 세계에 하나밖에 없는 UN묘지에는 6·25동란시 전사한 자유우방 11개국의 2,293기의 영령이 안치되어 있습니다.
- 매년 30만 이상의 참배객이 뒤를 잇고 있으며, 특히 외국인 관광객에게는 잊을 수 없는 명소로 되었습니다.

⑥びっしり 〈副〉 꽉, 빽빽이, 충분히.
⑦あらそう(争う) 〈他5〉 다투다, 겨루다.
⑧声をかける 말을 걸다, (소리쳐) 부르다.
⑨みずあげ(水揚) 〈名〉 어획량, 수입금.
⑩手にいる 자기 소유가 되다, 입수하다.

P. 216
①みのがす(見逃す) 〈他5〉 기회를 놓치다, 못보고 지나치다.
② きざむ(刻む) 〈他5〉 조각하다, 새기다.

# 6-8　済州道観光

〔例1　済州道の概観〕

- 古くから"三多三無の島"(石と風と女が多く，泥棒と乞食と家の門がない島)とか，"神話と伝説の島"などと呼ばれる済州道には素朴さが残っております。
- 日本とのほぼ中間に浮かぶ火山島の済州道は，東西73km，南北41kmの楕円形をした島で，総面積1,819㎢，人口約51万でございます。
- 近年新婚旅行客が最も多く訪れる所で，保養地，レジャー，スポーツなどの面でも十分な施設を持ち，観光客は年毎に増えております。
- 特に済州道は，ノービザ地域で，外国人観光客も気軽に訪れることができます。

〔例2　三姓穴〕

- 伝説によりますと，むかしの済州道は無人の孤島でありましたが，ある日，毛興穴とよばれる洞窟の中から高，夫，深という三神人が現われたと言われております。
- かれらは碧浪という遠い南の方の国から種子と家畜をもっ

# 6-8 제주도 관광

### 〔예 1 제주도 개관〕

- 옛부터 "3다 3무의 섬"(돌과 바람과 여자가 많고, 도둑과 거지와 대문이 없는 섬)이라든가, "신화와 전설의 섬" 등으로 불리우는 제주도에는 소박함이 남아 있습니다.
- 일본과의 거의 중간에 떠 있는 화산섬 제주도는 동서 73km, 남북 41km의 타원형을 한 섬으로, 총 면적 1,819km², 인구 약 51만입니다.
- 최근 신혼여행객이 가장 많이 찾는 곳으로 휴양지, 레저(leisure), 스포츠(sports) 등의 면에서도 충분한 시설을 갖추어서 관광객은 매년 증가하고 있습니다.
- 특히 제주도는 노비자(no visa) 지역으로, 외국인 관광객도 부담없이 방문할 수가 있습니다.

### 〔예 2 삼성혈〕

- 전설에 의하면, 옛날에 제주도는 무인의 고도였습니다만, 어느 날 모홍혈이라는 동굴에서 고, 부, 양이라는 세 신이 나왔다고 합니다.
- 그들은 벽랑이라고 하는 먼 남쪽 나라에서 종자와 가축을 갖고

てきた三人の王女をそれぞれの妻にむかえて子孫をもち，耽羅国をひらいたといわれております。

• この三神人が現われたといわれる穴を三姓穴といいまして，今でもその子孫たちがここに三姓祠を建てて，毎年，春と秋に春秋祭をもよおしております。

〔例3　竜頭岩〕

• 開いた口を空に向けた竜の頭の形がみごとに形作られた岩で，漢拏山の山神霊の玉を盗み，口にくわえて海からまさに天に昇ろうとしたところ，山神霊の怒りに触れ，その場で石と化して

ハネムーンたちのほんとんどがこの竜頭岩を背景にして写真をとるほど，やはり済州道名物のうちの一つでございます。

をとるほど，やはり済州道名物のうちの一つでございます。

〔例4　済州道民俗自然史博物館〕

• 島の生成過程と地質を示す模型や動物，魚類などの剥製を

온 세 사람의 왕녀를 각각 그들의 아내로 맞아들여 자손을 낳고 탐라국을 세웠다고 합니다.

- 이 세 사람의 신이 나온 동굴을 삼성혈이라고 하며, 지금도 그 자손들이 여기에다 삼성사를 세워, 매년 봄 가을로 춘추제를 올리고 있습니다.

〔예 3 용두암〕

- 벌린 입을 하늘로 향한 용의 머리와 형태가 완전하게 형성된 바위로, 한라산 산신령의 구슬을 훔쳐 입에 물고 바다에서 (이제)막 하늘로 오르려고 할 즈음에 산신령의 노여움을 사서 그 장소에서 돌이 되었다고 하는 전설이 있습니다.

- 허니문(honeymoon)들의 대부분이 이 용두암을 배경으로 하여 사진을 찍을 정도로 역시 제주도 명물 중의 하나이다.

〔예 4 제주도 민속 자연사 박물관〕

- 섬의 생성과정과 지질을 나타내는 모형이랑 동물, 어류 등의 박제

はじめ，島の生活史を再現したコーナー，郷土料理，農機具，日用品など貴重な資料が展示されております。

〔例5　耽羅木石苑〕

• 済州道内に散在する自然石，枯れ木や根の中から形の変わったもの約1,600点を集めた私設展示場で，木や石を巧みに組み合わせ，それぞれにおもしろい名がつけられております。

〔例6　挟才窟〕

• 1955年，松林の中で遊んでいて穴に落ちた子供が発見された洞窟で，その高さは6m，幅12m，奥行160mでございます。
• 内部にはさまざまな形，色彩のみごとな鐘乳石が垂れ下がっており，床から無数の石荀がそそり立っております。

를 비롯해, 섬의 생활사를 재현한 코너(corner), 향토요리, 농기구, 일용품 등 귀중한 자료가 전시되어 있습니다.

**〔예 5 탐라 목석원〕**

- 제주도내에 산재하는 자연석, 고목이나 뿌리 중에서 형태가 다른 것 약 1,600점을 모아 놓은 사설 전시장으로, 나무나 돌을 정교하게 조화시켜 각자 재미있는 이름이 붙여져 있습니다.

**〔예 6 협재굴〕**

- 1955년 송림 안에서 놀고 있던 어린이가 구덩이로 떨어져 발견된 동굴로, 그 높이는 6m, 폭 12m, 안쪽까지의 길이 160m입니다.
- 내부는 여러가지 형태, 아름다운 색채의 종류석이 아래로 드리워져 있고, 바닥에서 무수한 석순이 우뚝 솟아 있습니다.

〔例7　山房窟寺〕

• 漢拏山の爆発で，頂上にあった岩が飛ばされてきたと伝えられる海抜395mの山房山の中腹の洞窟に山房寺がありますが，その昔，洞窟内にあったという山房窟寺の面影は今はなく，仏像たげが安置されております。

〔例8　正房瀑布〕

• 海に直接流れ落ちる滝として有名で，水量の異なる二つの滝が海岸の岩を打ちつけ，しぶきをあげております。

• 伝説によりますと，むかし中国の秦の始皇帝の使者が500名の童男童女を率いて不老長寿の薬草を求めて漢拏山に登ったものの，薬草は目につかず，帰途，この滝の岩壁に「徐市過此」と彫りつけたといわれております。

〔예 7 산방굴사〕

• 한라산 폭발로 정상에 있던 바위가 날라 왔다고 전해지는 해발 395m의 산방산 산 중턱 동굴에 산방사가 있습니다만, 그 옛날 동굴내에 있었다고 하는 산방굴사의 면모는 지금은 없고 불상만이 안치되어 있습니다.

〔예 8 정방 폭포〕

• 바다로 직접 흘러 떨어지는 폭포로서 유명하며, 수량이 다른 두 갈래의 폭포가 해안의 바위를 때려 물보라치고 있습니다.

• 전설에 의하면, 옛날 중국 진시황제의 사자가 500명의 동남동녀를 거느리고 불로장수의 약초를 구하러 한라산에 올랐으나, 약초는 캐지 못하고, 돌아가는 길에 이 폭포의 암벽에 「서불과차」라고 새겼다고 합니다.

〔例9　天帝淵瀑布〕

• 中文ビーチリゾート内にある滝で，上・中・下の三段からなり，仙女が天から降りて水浴びをしたという伝説から天帝淵と名づけられております。

• 水深約21m，滝の両側は25mの高さの切り立った絶壁で囲まれております。そして，そのわきにはいくつかの岩穴がありまして，中に入りますとひえびえとしています。

〔例10　天池淵瀑布〕

• 断崖の狭谷入口で車を降り，渓流沿いに5分ほど上がりますと，突き当たりの絶壁から二つの流れが落ちている滝が天池淵でございます。

• 落差約23mのこの滝つぼには天然記念物の大ウナギが生息しております。

〔예 9 천제연 폭포〕

- 중문 비치 리조트(beach resort) 내에 있는 폭포로, 상, 중, 하의 3단으로 되어 선녀가 하늘에서 내려와 목욕을 했다고 하는 전설에서 천제연이라고 이름 지어졌습니다.
- 수심 약 21m, 폭포의 양측은 25m 높이의 깎아지른 듯한 절벽으로 둘러싸여 있습니다. 그리고 그 옆에는 몇 개의 암굴이 있어, 안으로 들어가면 썰렁합니다.

〔예 10 천지연 폭포〕

- 낭떠러지의 협곡 입구에서 차에서 내려, 계류를 따라 5분정도 오르면, 막다른 절벽에서 두 갈래로 흘러 떨어지고 있는 폭포가 천지연입니다.

- 낙차 약 23m의 이 용소(龍沼)에는 천연기념물의 붕장어가 서식하고 있습니다.

〔例11　万丈窟〕

- この洞窟は熔岩の表面が冷却，固体化した後，内部の流動性の熔岩やガスが噴出して，その後にトンネル状の空洞ができたもので，世界的にも珍しい大規模な熔岩洞窟でございます。

- 総延長13.4kmのこの洞窟は観光客に公開されているのがこのうち約1kmでございます。
- 洞窟内は，一年を通して，温度5度，湿度95%と変わることがありません。

〔例12　城山日出峰〕

- 城山日出峰は済州道の最東端の海岸にそびえたつ，海抜182mの奇岩石山でございます。
- 山頂は奇岩に囲まれた盆地状になっていて，これはまるで人間が造った城壁のように見えるので，城山の名が付けられました。

〔예 11 만장굴〕

• 이 동굴은 용암의 표면이 냉각응고된후, 내부의 유동성 용암이랑 가스(gas)가 분출해 그 후에 터널(tunnel) 모양의 동굴이 형성된 것으로, 세계적으로도 희귀한 대규모의 용암동굴입니다.

• 총 연장 13.4㎞의 이 동굴은 관광객에게 공개되어 있는 것이 이 중 약 1㎞뿐입니다.

• 동굴 내의 온도는 연중 5도, 습도 95%로 변함이 없습니다.

〔예 12 성산 일출봉〕

• 성산 일출봉은 제주도의 최동단 해안에 우뚝 솟은 해발 182m의 기암 돌산입니다.

• 정상은 기암에 둘러 싸인 분지 형태로 되어 있어, 이것은 마치 인간이 만든 성벽처럼 보이기 때문에 성산이란 이름이 붙여졌습니다.

〔例13　漢拏山〕

• 漢拏山は島の中央に，孫のような小さな山々をその裾野に従えてそびえ立つ，海抜1,952mの霊峰で，その頂きには白鹿潭という湖水があります。

• またこの漢拏山は自然の動・植物園といわれているほど，1,800余種のかず多くの動植物が捿息しております。

〔例14　中文ビーチリゾート〕

• 済州道の豊かな自然と独特の生活，風習などを生かし，海と陸を調和させた国際総合休養地で，ホテル，コンドミニアムなどの宿泊施設や海洋水族館，展望台休憩所などがすでにオープンしております。

〔예 13 한라산〕

• 한라산은 섬 중앙에 손자 같은 작은 많은 산의 그 기슭을 따라 우뚝 솟은, 해발 1,952m의 영봉으로서, 그 정상에는 백록담이라는 호수가 있습니다.

• 또 이 한라산은 자연 동·식물원이라고 불리울 정도로 1,800여종의 수많은 동·식물이 서식하고 있습니다.

〔예 14 중문 비치리조트(beach resort)〕

• 제주도의 풍부한 자연과 독특한 생활, 풍습 등을 살려, 바다와 육지를 조화시킨 국제종합휴양지로 호텔(hotel), 콘도미니엄(condominium) 등의 숙박시설이랑 해양수족관, 전망대 휴게소 등이 이미 오픈(open)해 있습니다.

## 단 어 풀 이

P. 220

①うかぶ(浮ぶ)　〈自5〉(물에) 뜨다, 떠오르다, 생각나다.
②おとずれる(訪れる)　〈自下1〉 방문하다, 안부하다.
③としごと(年毎)　매년.
④ふえる(増える)　〈自下1〉 늘다, 불어나다, 증가하다.
⑤きがるい(気軽)　〈形動〉(마음이) 부담스럽지 않음, 부담없음.
⑥ことう(孤島)　고도.

P. 222

①それぞれ 〈名·副〉 각자, 각기.
②ひらく(開く)　〈自他5〉 열리다, 열다, 시작되다.
③もよおす(催す)　〈他5〉 느끼게하다, 개최하다, 열다.
④みごと(見事)　〈名·形動〉 훌륭함, 멋짐, 뛰어남.
⑤かたちづくる(形作る)　〈他5〉 이루다, 형성하다.
⑥ぬすむ(盗む)　〈他5〉 훔치다, 도둑질하다.
⑦くわえる(加える)　〈他下1〉 보태다, 가산하다, 넣다.
⑧のぼる(昇る·登る)　〈自5〉 오르다, 올라가다.
⑨怒(いか)りに触(ふ)れる 노여움을 사다.
⑩ほとんど(殆ど)　〈副〉 하마터면, 거의, 대체로.
⑪はくせい(剝製)　박제.

P. 224

①かれき(枯れ木)　고목, 마른 나무.
②あつめる(集める)　〈他下1〉 모으다, 집중시키다.
③たくみ(巧み)　〈名·形動〉 정교함, 공들임, 교묘함.
④くみあわせ(組み合せ)　조화, 세트.
⑤あな(穴)　구덩이, 구멍.
⑥おくゆき(奥行き)　안쪽까지의 길이.
⑦さまざま(様様)　〈形動〉 여러 가지, 가지각색.
⑧たれさがる(垂れ下がる)　〈自5〉 매달리다, 처지다.

P. 226
①そそりたつ(そそり立つ)　〈自5〉 우뚝 솟다.
②ちゅうふく(中腹)　(산) 중턱.
③ことなる(異なる)　〈自5〉 다르다.
④うちつける(打ち付ける)　〈他下1〉 박다, 붙이다, 부딪치다.
⑤しぶきをあげる　물보라치다.
⑥きと(帰途)　귀로.
⑦ほる(彫る)〈他5〉 새기다, 조각하다.

P. 228
①みずあび(水浴び)〈名・自〉 미역 감음, 헤엄.
②なづける(名づける)　이름 붙이다.
③きりたつ(切り立つ)〈自5〉 (산이나 낭떠러지가) 깎아지른듯이 솟아 있다.
④かこむ(囲む)〈他5〉 둘러싸다, 에워싸다.
⑤ ひえびえ(冷え冷え)〈副・自〉 냉랭하다, 썰렁하다.
⑥だんがい(断崖)　낭떠러지.
⑦ながれる(流れる)〈自下1〉 흐르다, 흘러가다.

P. 230
①めずらしい(珍しい)〈形〉 드물다, 이상하다, 진귀하다.
②かわる(変わる)〈自5〉 변하다, 바뀌다.
③そびえる〈自下1〉 높이 솟다, 우뚝 솟다.

P. 232
①すその(裾野)　산기슭.
②したがえる(従える)〈他下1〉 거느리다, 정복하다.
③いただき(頂)　꼭대기, 정상.
④ゆたか(豊か)〈形動〉 유복함, 풍부함.
⑤いかす(生かす)〈他5〉 살리다, 살려두다.

# 7

# 出　国

## 7–1　フライト変更と連泊予約の場合

T：おそれいりますが，フライト変更と連泊をしたいのですが。

G：どのようにですか。

T：このホテルで2日間，延ばしたいのですが。

G：お調べいたしますので，少々お待ちください。

---

お待たせいたしました。ホテルはおとりできますが。

いかがいたしましょうか。

T：お願いします。

G：かしこまりました。では，そのようにおとりしておきます。

*　　　*　　　*

G：航空機は2便ありまして，1便は午前で，もう一つの便は午後でございます。どちらがよろしいですか。

T：夕方便の出発時間は何時ですか。

G：6時 30分です。

T：わかりました。それでお願いします。

G：かしこまりました。航空券をいただけますでしょうか。

ステッカーをはりますので……。

T：はい，どうぞ。

## 7－1 플라이트(flight) 변경과 연박 예약일 경우

T : 죄송합니다만, 플라이트 변경과 연박을 하고 싶은데요.

G : 어떻게요?

T : 이 호텔에서 2일간 연장하고 싶은데요.

G : 알아보겠으니, 잠시 기다려 주십시오.

..........................................................................................

오래 기다리셨습니다. 호텔은 예약이 가능합니다만, 어떻게 하시겠어요?

T : 부탁합니다.

G : 알겠습니다. 그럼, 그렇게 예약해 두겠습니다.

* * *

G : 항공기는 두 편 있으며, 한 편은 오전이고, 다른 한 편은 오후입니다. 어느 쪽이 좋으십니까?

T : 저녁 편 출발시간은 몇 시입니까?

G : 6시 30분 입니다.

T : 알았습니다. 그것으로 부탁합니다.

G : 알겠습니다. 항공권을 주시겠어요? 스티커(sticker)를 붙혀야 하니까요….

T : 네, 여기 있습니다.

## 7–2　ご出発

① ご出発のご用意は出来ましたでしょうか。

② お荷物をおまとめください。

③ お部屋のカギは会計にお渡しください。

④ ホテル，朝食以外のすべての雑費は銘々でお支払いください。

⑤ 日本円は空港でお両替できます。

⑥ さあ，ご出発いたしましょう。

＊　　＊　　＊

① お荷物はこの台の上におあげください。

② このバッグはお客様ご自身でお持ちいただけませんでしょうか。

③ それは中へ持って入ってください。

④ お忘れ物はございませんでしょうか。

⑤ では，空港に向います。

**단 어 풀 이**

①まとめる〈他下1〉 한데 모으다, 정리하다.
②わたす(渡す) 〈他5〉 건네다, 건네 주다.
③すべて(全て) 〈名〉 전부. 〈副〉 모두, 전부.
④しはらい(支払い) 〈名·他〉 지불.
⑤かえる(替える) 〈他下1〉 바꾸다, 교환하다.
⑥わすれもの(忘れ物) 잊어버린 물건, 유실물.

# 7-2 출 발

① 출발 준비는 되셨습니까?

② 짐을 정리해 주십시오.

③ 방 열쇠는 회계에게 건네 주십시오.

④ 호텔, 조식 이외의 모든 잡비는 각자가 지불해 주십시오.

⑤ 일본 엔은 공항에서 환전할 수 있습니다.

⑥ 자, 출발합시다.

* * *

① 짐은 선반 위에 올려 주십시오.

② 이 가방(bag)은 손님께서 직접 가지고 가시지 않겠어요?

③ 그것은 안으로 가지고 들어가십시오.

④ 잊으신 물건은 없으신가요?

⑤ 그럼, 공항으로 가겠습니다.

## 7-3　出国のご挨拶

- 皆様，空港の税関で所持品の検査中にチエックされ，パスポートに書込まれた物はございませんでしょうか。
- たとえば，高級なカメラ 時計，ダイヤモンドのゆびね，毛皮類，ゴルフ・セットなどは，必らず持ち帰りくださいますようお願い申し上げます。
- もし現品がなかった場合には，こちらの値段を基準にして高い税金を払わされます。ご注意お願い致します。

*　　　*　　　*

- 皆様，あと5分で仁川空港にご到着いたします。
- 3日間のソウルのご観光はご満足いただけましたでしょうか。
- また，この次もぜひABC旅行社をご利用いただきますようお待ちしております。ありがとうございました。

**단 어 풀 이**

①かきこむ(書込む)〈他5〉써 넣다, 기입하다.
②かならず(必らず)〈副〉반드시, 꼭, 틀림없이.
③ばあい(場合) 경우, (특정한) 때, 형편.
④つぎ(次) (차례의) 다음, (지위의) 다음, 버금.
⑤ぜひ(是非)〈副〉꼭, 재발, 아무쪼록.

# 7-3 출국 인사

• 여러분, 한국 입국 중 공항 세관에서 소지품 검사할 때 여권에 체크(check)된 물건은 없으신가요?

• 예를 들어 고급카메라, 시계, 다이아몬드(diamond) 반지, 모피류, 골프세트(golf set) 등은 반드시 가지고 돌아가시도록 부탁드립니다.

• 만약 현품이 없을 경우에는 이쪽의 가격을 기준으로 하여 높은 세금을 물게 됩니다. 주의하시기 바랍니다.

* * *

• 여러분, 5분 뒤에 인천 공항에 도착합니다.

• 3일간의 서울 관광은 만족하셨는지요?

• 또, 이 다음에도 꼭 ABC여행사를 이용해 주시기를 기다리고 있겠습니다. 감사합니다.

# 7-4　出国手続

①パスポートと航空券をお見せ下さい。

② お預けのお荷物はございますか。

③ 貴重品やこわれものはございませんでしょうか。

④ おタバコはおすいになりますか。

⑤ 空港税はお1人様9,000ウォンでございます。

⑥ お荷物に名札はついておりますでしょうか。

⑦ お荷物にネームカードをお付けください。

⑧ お荷物は20キロまででございます。

⑨ 何か申告するものをお持ちですか。

⑩ ビン類はもって入ってください。

⑪ ゴルフセットはあちらのカウンターでチェックしてください。

⑫ お荷物の検査をお受けください。

*　　　*　　　*

① お待たせいたしました。こちらがお荷物の引換券，搭乗券でございます。

② 喫煙席(禁煙席)で，ゲートは3番でございます。

③ ご出発は3階でございます。

# 7-4 출국 수속

① 여권(passport)과 항공권을 보여주십시오.

② 맡기실 물건은 있으십니까?

③ 귀중품이나 깨질 물건을 없으십니까?

④ 담배(tabaco)는 피우십니까?

⑤ 공항세는 1인 9,000원입니다.

⑥ 짐에 명찰은 붙어 있나요?

⑦ 짐에 명찰(name card)을 달아주십시오.

⑧ 짐은 20킬로까지 입니다.

⑨ 뭔가 신고할 것을 갖고 계십니까?

⑩ 병종류는 가지고 들어 가십시오.

⑪ 골프 세트(golf set)는, 저쪽 카운터(counter)에서 체크(check)해 주십시오.

⑫ 짐 검사를 받아 주십시오.

* * *

① 오래 기다리셨습니다. 이것이 수하물 인환권, 탑승권입니다.

② 흡연석(금연석)으로, 탑승구(gate)는 3번입니다.

③ 출발(장소)은 3층입니다.

④ 40 分前には入場して下さい。

⑤ 免税品は空港の中のカウンターでお引換ください。

⑥ では，お気をつけてお帰りください。

**단 어 풀 이**

①みせる(見せる)〈他下1〉 보이다, ～인 것처럼 보이다.
②あずける(預ける)〈他下1〉 맡기다, 보관하다, 일임하다.
③こわれもの(壊れ物) 깨진 물건, 깨지기 쉬운 물건.
④すう(吸う)〈他5〉 (담배를)피우다, 들이마시다.
⑤つく(付く)〈自5〉 붙다, 묻다, 매달리다.
⑥つける(付ける)〈他下1〉 붙이다, 달다.
⑦うける(受ける)〈他下1〉 받다, 받아들이다.
⑧ひきかえけん(引換券) 수하물의 짐표(baggage tag)
⑨とうじょうけん(搭乗券) 탑승권(boarding pass)
⑩気をつける 조심하다.

④ 40분 전에는 입장해 주십시오.

⑤ 면세품은 공항 안 카운터(counter)에서 교환하십시오.

⑥ 그럼, 몸 조심하십시오.

# 観光関係基礎用語

8-1　航空機(航空旅行)の用語

8-2　鉄道, バス, タクシー, レンタカーの用語

8-3　食事, レストランの用語

8-4　ホテルの用語

8-5　ショッピングの用語

8-6　ファッションの用語

8-7　観光の用語

8-8　郵便・電話の用語

# 8-1　航空機(航空旅行)の用語

① 機長(きちょう)：기장(captain)

② スチュワード：스튜어드(steward), 승객 담당.

③ スチュワーデス：스튜어디스(stewardess), 여승무원.

④パーサー：사무장(purser)

⑤乗客(じょうきゃく)：승객(passenger)

⑥客室(きゃくしつ)：여객실(cabin), 조정실, 화물실.

⑦喫煙室(きつえんしつ)：흡연실(smoking section)

⑧禁煙室(きんえんしつ)：금연실(non-smoking section)

⑨求命胴衣(きゅうめいどうい)：구명 동의(life jacket)

⑩座席番号(ざせきばんごう)：좌석번호(seat number)

⑪酸素マスク(さんそマスク)：산소 마스크(oxygen mask)

⑫ シートベルト：좌석 벨트(seat belt)

⑬食事用テーブル(しょくじようテーブル)：식사용 테이블(tray table)

⑭窓側の座席(まどがわのざせき)：창가의 좌석(window seat)

⑮中央の座席(ちゅうおうのざせき)：가운데 좌석(center seat)

⑯通路側の座席(つうろがわのざせき)：통로측의 좌석(aisle seat)

⑰ 読書灯(どくしょとう)：독서등(reading light)

⑱枕(まくら)：베게(pillow)

⑲ 毛布(もうふ)　모포(blanket), 담요.

⑳機内サービス(きないサービス)：기내 서비스(in-flight service)

㉑ 機内販売(きないはんばい)：기내 판매(in-flight sale)

㉒ 機内映画(きないえいが)：기내 영화(in-flight movie)

㉓ 現地時間(げんちじかん)：현지 시간(local time)

㉔ 時差(じさ)：시차(time difference)

㉕ 時速(じそく)：시속(speed per hour)

㉖ 出発予定時刻(しゅっぱつよていじこく)：출발예정시각(estimated time of departure)

㉗ 到着予定時刻(とうちゃくよていじこく)：도착예정시각(estimated time of arrival)

㉘ 使用中(しようちゅう)：(화장실 등) 사용중(occupied)

㉙ 税関申告書(ぜいかんしんこくしょ)：세관신고서(custom declaration form)

㉚ 離陸(りりく)：이륙(take-off)

㉛ 着陸(ちゃくりく)：착륙(landing)

㉜ 搭乗券(とうじょうけん)：탑승권(boarding pass)

㉝ 途中立寄り(とちゅうたちより)：도중하차(stopover)

㉞ 乗り継ぎ客(のりつぎきゃく)：통화 여객(transit)

㉟ 飛行機酔い(ひこうきよい)：비행기 멀미(airsickness)

㊱ 飛行時間(ひこうじかん)：비행시간(flying time)

㊲ フライト：플라이트(flight), 항공기 편명.

㊳ 滑走路(かっそうろ)：활주로(runway)

㊴ タラップ：계단(stairway)

㊵ 手荷物(てにもつ)：수하물(baggage)

## 8-2 鉄道(てつどう), バス, タクシー, レンタカーの用語(ようご)

① 切符(きっぷ) : (입장권·승차권 등의) 표(ticket)

② 片道切符(かたみちきっぷ) : 편도 승차권(single/one way)

③ 往復切符(おうふくきっぷ) : 왕복 승차권(return ticket/round ticket)

④ 寝台券(しんだいけん) : 침대권(berth ticket)

⑤ 急行券(きゅうこうけん) : 급행권(express ticket)

⑥ 入場券(にゅうじょうけん) : 입장권(platform ticket)

⑦ 改札口(かいさつぐち) : 개찰구(wicket/track entrance)

⑧ 手荷物取扱所(てにもつとりあつかいじょ) : 수하물 취급소 (baggage office)

⑨ 車掌(しゃしょう) : 차장(conductor), 안내원.

⑩ 駅長(えきちょう) : 역장(station master)

⑪ 終点(しゅうてん) : 종점(terminal)

⑫ 目的地(もくてきち) : 목적지(destination)

⑬ レンタカー : 렌트카(rent-a-car), 임대 자동차

⑭ 一方通行(いっぽうつうこう) : 일방통행(one-way traffic)

⑮ 運転免許証(うんてんめんきょしょう) : 운전면허증(driver's license)

⑯ ガソリンスタンド : 주유소(gas station)

⑰ 高速道路(こうそくどうろ) : 고속도로(freeway)

⑱ 国際運転免許証(こくさいうんてんめんきょしょう) : 국제운전면허증(international driver's permit)

⑲ 自動車保険(じどうしゃほけん) : 자동차보험(automobile insurance)

⑳ 駐車場(ちゅうしゃじょう) : 주차장(parking lot)

㉑ 観光バス(かんこうバス) : 관광버스(sightseeing bus)

㉒ 空港リムジン(くうこうリムジン) : (공항의) 여객 수송용 버스 (airport limousine)

㉑ 乗車料金(じょうしゃりょうきん) : 승차요금(fare)

㉔ 乗りかえる(のりかえる) : 갈아타다(transfer)

㉕ バスターミナル : 버스터미널(bus terminal)

㉖ バス停留所(バスていりゅうじょ) : 버스 정류장(bus stop)

㉗ タクシー乗り場(タクシーのりば) : 택시 승차장(taxi stand)

# 8–3　食事, レストランの用語

① 朝食(ちょうしょく)：조식(breakfast), 아침 식사.

② オートミール：오트밀(oatmeal)

③ いり卵(いりたまご)：계란지짐이(scrambled eggs) ▶계란을 버터나 밀크 따위와 뒤섞어서 익힘.

④ 目玉焼き(めだまやき)：두 개를 가지런히 부친 반숙 계란(fried eggs)

- 片面焼き(かためんやき)：한 쪽만 지진 반숙 계란(sunnyside up)
- 両面焼き(りょうめんやき)：양쪽 다 지진 달걀 프라이(overeasy)

⑤ ゆで卵(ゆでたまご)：삶은 계란(boiled egg)

⑥ 落し卵(おとしたまご)수란(poached eggs) ▶계란을 깨어 끓는 물에 떨어뜨려 삶는 것.

⑦ オムレツ：오믈렛(omelet 〈te〉)

⑧ 昼食(ちゅうしょく)：점심(lunch)

⑨ 辛子(からし)：겨자(mustard)

⑩ 夕食(ゆうしょく)：저녁(dinner)

⑪ 前菜(ぜんさい)：식욕을 돋구는 것(appetizer) ▶술·전채 따위.

⑫ みそ汁(みそしる)：된장국(miso soup)

⑬ ミネストローネ：〔닭고기 국물 속에 야채·보리 따위를 넣어서 끓인〕 진한 스프(minestrone)

⑭ 魚介類(ぎょかいるい)：해산물(seafood)

⑮ 伊勢えび(いせえび)：왕새우(lobster), 바닷 가재.

⑯ あひるの肉：오리 고기(duck)

⑰ きじの肉：꿩 고기(pheasant)

⑱ 仔牛の肉(こうしのにく)：송아지 고기(veal)

⑲ トンカツ： 돼지고기 커틀렛(pork cutlet)

⑳ 羊肉(ひつじにく)：양고기(mutton)

㉑ 鹿の肉(しかのにく)：사슴 고기(venison)

㉒ 赤かぶ(あかかぶ)： 무(radish)

㉓ かぼちゃ：호박(pumpkin)

㉔ ピーマン：피망(green pepper)

㉕ ほうれんそう：시금치(spinach)

㉖ ライ麦パン(ライむぎパン)：〔호밀로 만든〕 흑빵(rye bread)

㉗ ロールパン：롤빵(roll)

㉘ シェリー：백포도주(sherry)

㉙ お酒(さけ)：술

㉚ 箸(はし)：젓가락

㉛ 皿(さら)：접시

# 8-4　ホテルの用語

① 客室(きゃくしつ)：객실(guest room), 방.

② スイートルーム：스위트 룸(suite room) ▶침실 이외에 거실이나 응접실 등 여러가지 방이 달려있는 고급객실.

③ 子供用ベッド(こどもようベッド)：어린이용 침대(cot)

④ 合鍵(あいかぎ)：보조 열쇠(extra key)

⑤ 鍵(かぎ)：방 열쇠(room key), 열쇠.

⑥ コンセント：(전기) 콘센트(outlet)

⑦ 洗顔用タオル(せんがんようタオル)：〔얼굴 닦는〕 작은 수건(face towel)

⑧ 伝言(でんごん)：전언(message)

⑨ ドアの安全(あんぜん)チェーン：도어 안전 체인(safety chain)

⑩ 枕(まくら)：베개(pillow)

⑪ マスターキー：맛쇠, 곁쇠(master key)

⑫ 毛布(もうふ)：모포(blanket), 담요.

⑬ モーニングコール：모닝콜(morning call) ▶호텔에서 아침에 전화로 깨워주는 것.

⑭ 客室係(きゃくしつがかり)：객실계(chamber maid) ▶〔호텔·여관의〕 침실 담당 여자 종업원.

⑮ 自動販売機(じどうはんばいき)：자동판매기(vending machine)

⑯ 洗濯物(せんたくもの)：세탁물(laundry)

⑰ 館内電話(かんないでんわ)：관내 전화(house phone)

⑱ 記帳用紙(きちょうようし)：〔장부의〕기장 용지(registration from)

⑲ 室料(しつりょう)：객실 요금(room rate)

⑳ 宿泊客(しゅくはくきゃく)：숙박객(guest)

㉑ 宿泊と朝食(しゅくはくとちょうしょく)：숙박과 조식(bed and breakfast (B&B))

㉒ 出発日(しゅっぱつび)：출발일자(departure date)

㉓ 到着日(とうちゃくび)：도착일자(arrival date)

㉔ 支払方法(しはらいほうほう)：지불방법(form of payment)

㉕ チェックイン：체크인(check-in) ▶〔호텔에서의〕 숙박수속(등록)

㉖ チェックアウト：체크아웃(check-out) ▶숙박한 호텔에서 지불을 마치고 출발하는 것.

㉗ フロントデスク：프런트 데스크(front desk) ▶체크인수속, 숙박객에 대한 문의 처리, 안내업무, 우편물 처리 등 숙박에 관한 모든 업무를 담당하는 곳.

㉘ 部屋番号(へやばんごう)：객실 번호(room number)

㉙ ベルボーイ：벨보이(bell boy) ➡ベルマン

㉚ ベルマン：벨맨(bell man) ▶숙박객의 짐을 운반하거나 객실까지 안내를 주업무로 하는 직종.

㉛ ベルキャプテン：벨 캡틴(bell captain) ▶벨맨을 지휘, 감독하는 직종.

㉜ 予約金(よやくきん)：예약금(deposit), 예치금.

㉝ 会計(かいけい)：회계(cashier)

㉞ サービス料(りょう)：봉사료(service charge)

㉟ 予約(よやく)：예약(reservation)

㊱ 請求書(せいきゅうしょ)：청구서(bill)

㊲ 非常出口(ひじょうでぐち)：비상출구(emergency exit)

㊳ 非常階段(ひじょうかいだん)：비상계단(fire escape)

㊴ 回転ドア(かいてんドア)：회전문(revolving door)

㊵ エレベーター：엘리베이터(elevator), 승강기.

㊶ カーテン：커튼(curtain)

㊷ デリバリー：딜리버리(delivery), 배 달.

㊸ クロークルーム：클로크룸(cloak room), 휴대품 보관소.

㊹ キャンセル：캔슬(cancel) (예약 등의) 취소.

㊺ レジストレーションカード：레지스트레이션 카드(registration card), 숙박등록 카드.

㊻ バウチャー：바우처(voucher) ▶여행업자, 항공회사 등이 호텔앞으로 발행하는, 숙박대금의 지불을 보증하는 증서.

## 8-5　ショッピングの用語

① 玩具屋(おもちゃや)：완구점(toy shop)

② カメラ屋(や)：카메라점(camera shop)

③ 土産物屋(みやげものや)：선물가게(gift shop)

④ 靴屋(くつや)：신발가게(shoe store)

⑤ 食料雑貨(しょくりょうざっか)：식료잡화(grocery store)

⑥ 本屋(ほんや)：서점(book store)

⑦ たばこ屋(や)：담배가게(ciga store)

⑧ テパート：백화점(department store)

⑨ 時計店(とけいてん))：시계방(watch shop)

⑩ 花屋(はなや)：꽃가게(florist)

⑪ パン屋：제과점(bakery)

⑫ 文房具店(ぶんぼうぐてん)：문방구점(stationery store)

⑬ めがね屋：안경점(optical store)

⑭ 洋品店(ようひんてん)：양품점(clothing store)

⑮ 洋服店(ようふくてん)：양복점(tailor)

⑯ 処分(しょぶん)セール：재고정리(떨이) 판매(clearance saile), 재고품 염가 판매.

⑰ 説明書(せつめいしょ)：설명서(instructions sheet)

⑱ 店員(てんいん)：점원(clerk)

⑲ 特売(とくばい)：특매(bargain sale)

⑳ 値札(ねふだ) : 가격표(price tag)

㉑ 保証書(ほしょうしょ) : 보증서(guarantee)

㉒ 見本(みほん) : 견본(sample)

㉓ 土産(みやげ) : 선물(souvenir), 토산품.

㉔ 贈物(おくりもの) : 선물(present)

㉕ 新品(しんぴん) : 신품(brand-new), 새것.

㉖ 寸法(すんぽう) : 치수(size), 길이.

㉗ 派手(はで) : 화려함, 야단스러움.

㉘ 地味(じみ) : 순수한, 검소한.

㉙ 本物(ほんもの) : 진짜

㉚ 偽物(にせもの) : 모조품(imitation), 가짜

㉛ 輸入品(ゆにゅうひん) : 수입품(imported)

㉜ 税込み(ぜいこみ) : 세금 포함(tax included)

㉝ 手ごろな値段 : 적합한 값(reasonable price)

㉞ 払い戻し : 환불(refund)

## 8-6 ファッションの用語

① オーバー：오버코트(overcoat), 외투.

② カーディガン：가디건(cardigan) ▶앞자락에 단추를 단 스웨터.

③ 既製品(きせいひん)：기성품(ready-made)

④ あつらえ：마춤, 주문(注文)함.

⑤ 子供服(こどもふく)：아동복(children's wear)

⑥ ズボン：바지(pants / trousers)

⑦ ポケット：호주머니(pocket)

⑧ タートルネック：터틀네크(turtle neck) ▶목둘레를 치켜 세워 오므린 스웨터.

⑨ 長袖(ながそで)：긴 소매(long sleeve)

⑩ 半袖(はんそで)：반 소매.

⑪ パジャマ：파자마(pajamas), 잠옷.

⑫ ブレジャー：브래지어(blazer)

⑬ ポロシャツ：폴로 셔츠(polo shirt), 스포츠 셔츠.

⑭ 服地(ふくじ)：옷감(material), 양복감.

⑮ レーヨン：레이온(rayon), 인조 견사 ▶인조견직물.

⑯ 毛織物(けおりもの)：모직물(wool)

⑰ 紳士服(しんしふく)：신사복(men's wear)

⑱ 上着(うわぎ)：웃옷, 상의(jacket)

⑲ タキシード：턱시도(tuxedo) ▶〔남자용〕 약식 예복.

⑳ シングルの(上着)：〔상의·조끼 따위가〕 싱글의(single-breasted)

㉑ ダブルの(上着)：〔상의·조끼 따위가〕 더블임(double-breasted)

㉒ ちょうネクタイ：나비 넥타이(bow tie)

㉓ 帰人服( ふじんふく)：부인복(ladies' dress)

㉔ 毛皮のコート：모피 코트(fur coat)

㉕ ショール：숄(shawl), 어깨 걸치개.

㉖ 手袋(てぶくろ)：장갑(gloves)

㉗ パンタロン：(pantaloons) ▶〔19세기의 통이 좁은 남자용〕 바지.

㉘ パンティ：팬티(panties) ▶〔여자, 아동용의〕 짧은 속바지.

㉙ ワンピースドレス：원피스 드레스(one-piece dress)

㉚ マタニティドレス：머터니트 드레스(maternity dress)

㉛ ペチコート：페티코우트(petticoat) ▶〔스커트 속에 입은 여성용 속옷의 일종〕

㉜ ツーピースドレス：투피스 드레스(two-piece dress)

㉝ コルセット：코르셋(corset), 조끼

㉞ 婦人下着(ふじんしたぎ)：란제리(lingerie). 〔여성용〕 속옷의.

㉟ スーツ: 수트(suit), ▶〔의복, 잠옷 따위의〕 한 벌.

# 8-7　観光の用語

① 観光(かんこう)：관광(tourism), 관광 여행.

② ツアー：투어(tour), 관광.

③ 観光局(かんこうきょく)：관광국(tourist bureau)

④ 観光旅行者(かんこうりょこうしゃ)：관광 여행자(tourist)

⑤ 観光ガイド：관광 안내원(tour guide)

⑥ 通訳(つうやく)：통역(interpretter)

⑦ 旅行(りょこう)：여행(travel)

⑧ 旅行代理店(りょこうだいりてん)：여행 대리점(travel agency)

⑨ 旅行日程(りょこうにってい)：여행 일정(itinerary)

⑩ 観光案内所(かんこうあんないじょ)：관광 안내소(tourist information center)

⑪ ガイドブック：가이드 북(guide book), 여행 안내서.

⑫ 観光シーズン：관광 시즌(tourist season)

⑬ オプショナルツアー：옵셔널 투어(optional tour) ▶자유 참가의 관광.

⑭席の予約(せきのよやく)：좌석 예약(booking)

⑮ 産業視察ツアー(さんぎょうしさつツアー)：산업시찰 관광(industrial tour)

⑯ シーズンオフー：비수기(off-season)

⑰ 自動車旅行(じどうしゃりょこう)：자동차 여행(motoring)

⑱ 終日遊覧(しゅうじつゆうらん)：온 종일 유람(full-day excursion)

⑲ グループ：그룹(group), 단체.

⑳ 地図(ちず)：지도(map)

㉑ 取消料(とりけしりょう)：취소료(cancellation fee)

㉒ パンフレット：팜플렛(pamphlet/brochure), 소책자.

㉓ もてなし：대접, 접대.

㉔ 予約券(よやくけん)：예약권(reservation slip)

㉕ 遺跡(いせき)：유적(ruins)

㉖ 温泉(おんせん)：온천(hot spring)

㉗ 記念碑(きねんひ)：기념비(monument)

㉘ 景勝地(けいしょうち)：경승지(scene spot)

㉙ 撮影禁止(さつえいきんし)：촬영 금지(no photo graphing)

㉚ 立入禁止(たちいりきんし)：출입 금지(no admitance)

㉛ 史跡(しせき)：사적(place of historical interest)

㉜ 植物園(しょくぶつえん)：식물원(botanical garden)

㉝ 動物園(どうぶつえん)：동물원(zoo)

㉞ 博物館(はくぶつかん)：박물관(museum)

㉟ 美術館(びじゅつかん)：미술관(art gallery)

㊱ 水族館(すいぞくかん)：수족관(aquarium)

㊲ 滝(たき)：폭포(waterfall)

㊳ 入場料(にゅうじょうりょう)：입장료(admission fee)

㊴ 祭(まつり)：축제(festival)

㊵ 遊覧船(ゆうらんせん)：유람선(sightseeing boat)

㊶ 遊園地(ゆうえんち)：유원지(amusement park)

㊷ 運河(うんが)：운하(canal)

㊸ 陸路観光(りくろかんこう)：육로관광(overland tour)

## 8−8　郵便·電話の用語

① 郵便(ゆうびん)：우편(mail/post)

② はがき：엽서(post card), 우편 엽서.

③ 手紙(てがみ)：편지(letter)

④ 絵(え)はがき：그림엽서(picture post card)

⑤ 封筒(ふうとう)：봉투(envelope)

⑥ 航空郵便(こうくうゆうびん)：항공 우편(airmail)

⑦ 発信人(はっしんにん)：발신인(sender)

⑧ 宛名人(あてなにん)：수신인(addressee)

⑨ 郵便局(ゆうびんきょく)：우체국(post office)

⑩ 速達(そくたつ)：속달(express mail)

⑪ 書留郵便(かきとめゆうびん)：등기 우편(registered mail)

⑫ 私書箱(ししょばこ)：사서함(P.O.Box)

⑬ 船舶便(せんぱくびん)：선편(surface mail)

⑭ 小包郵便(こづつみゆうびん)：소포(parcel post)

⑮ 切手(きって)：우표(postage stamp)

⑯ 消印(けしいん)：소인(cancelled stamp)

⑰ 公衆電話(こうしゅうでんわ)：공중전화(telephone booth)

⑱ 電話料金(でんわりょうきん)：전화요금(toll)

⑲ 電話帳(でんわちょう)：전화 번호부(phone directory)

⑳ 内線(ないせん)：내선(extension), 옥내선.

㉑ 交換台(こうかんだい)：교환대(switchboard)

㉒ 電話交換手(でんわこうかんしゅ)：전화 교환수(telephone operator)

㉓ 混線(こんせん)：혼선(crossed line)

㉔ 話し中(はなしちゅう)：통화중(line is busy)

㉕ 送話口(そうわぐち)：송화구(mouthpiece)

㉖ 受話器(じゅわき)：수화기(receiver)

㉗ 長距離電話(ちょうきょりでんわ)：장거리 전화(long distance call)

㉘ 市内通話(しないつうわ)：시내 통화(locall call)

㉙ 市外通話(しがいつうわ)：시외 통화(out-of-town call)

㉚ 指名通話(しめいつうわ)：지명 통화(person to person call)

㉛ 番号通話(ばんごうつうわ)：번호 통화(station to station call)

㉜ 料金先方払い通話(りょうきんせんぽうばらいつうわ)：요금 상대방 지불통화(collect call)

㉝ 伝言(でんごん)：전언(message)

㉞ 直通電話(ちょくつうでんわ)：직통 전화(direct phone)

㉟ 郵便番号(ゆうびんばんごう)：우편 번호(ZIP code)

# 참 고 문 헌

〈한국문헌〉

孫大俊, 観光日本語, 法文社, 1980。

진수련, 관광통역일본어, 진명출판사, 1988。

崔基鍾, 日本旅行実務会話, 白山出版社, 1990。

韓国観光公社, 韓国観光資源総攬, 1982。

――――――, 韓国, 1988。

――――――, 韓国, 1990。

――――――, ようこそ韓国へ, 1987。

韓国観光協会, 会員名簿, 1991。

〈일본문헌〉

宮原誠也, 韓国の旅, 昭文社, 1991。

佐藤健治, 日本でつかう英会話, プラザ出版, 1988。

前田聖, 添乗英会話, (株)森谷トラベル・エンタプライズ, 1983。

飯沼茂樹, 栃木立人, 海外旅行オールラウンド英会話, 曙出版, 1988。

小坂聖, デパート・専門店の実務英会話, プラザ出版, 1988。

フォード作岡, ホテル・レストランの英会話入門, プラザ出版, 1986。

稲垣勉, ホテル用語事典, (株)トラベルジャーナル, 1990。

ホテルニューオータニ研修課, ホテルの実務英会話, プラザ出版, 1988。

――――――――――――, レストランの実務英会話, プラザ出版, 1988。

日本交通公社, 韓国, 1980。

実業之日本社, 韓国, 1990。

福岡県立小倉商業高等学校, 韓国修学旅行, 1987。

JAPAN AIR SYSTEM, 今月の韓国, 1990, 5月号。

저자약력

默庵 최기종

**주요경력**

대통령소속 지방분권촉진위원회 제1실무위원
국무총리실 정부업무평가위원회 장관급기관 평가위원
행정자치부 지방행정혁신평가단 평가위원
(현)행정안전부 자자체 합동평가단 문화·환경분과 위원장
(현)한국산업인력공단 관광통역안내사 국가자격시험 출제위원
(현)국토생태관광연구원 원장

**학력·교육경력**

세종대학교 대학원 호텔관광경영학과 졸업/경영학 박사
경복대학교 관광학부 정교수/관광교육원장
한양사이버대학교 호텔관광경영학과 외래교수
(현)山と川の學校 객원교수

**주요저서**

「매너와 이미지메이킹」, 「관광정보론」, 「관광학원론」
「항공기초실무」, 「CRS항공운임업무」, 「CRS항공예약업무」
「관광정보론」, 「관광일본어입문」, 「관광일본어통역회화」
「항공·공항실무일본어회화」, 「관광면세점실무일본어회화」
「호텔실무일본어회화」, 「호텔식음료일본어회화」 外 다수

# 관광일본어통역회화 (CD포함)

2003년 2월 15일 초 판 1쇄 발행
2013년 2월 28일 수정판 2쇄 발행

저 자 최 기 종
발행인 寅製 진 욱 상

발행처 백산출판사
서울시 성북구 정릉3동 653-40
등 록 : 1974. 1. 9. 제 1-72호
전 화 : 914-1621, 917-6240
FAX : 912-4438
http://www.ibaeksan.kr
editbsp@naver.com



값 13,000원
ISBN 89-7739-052-4